环境科学基础

（第5版）

黄儒钦　郑爽英　**编著**

西南交通大学出版社

·成都·

内容提要

本书系统地阐述了环境科学的基本概念、基本原理及环境污染控制的基本手段。全书共分 7 章，包括绪论、生态学基础、水体污染控制、大气污染控制、固体废物处理与处置、噪声及其他公害的防治、环境质量评价等内容。各章附有思考题。另外，本书增加了与本教材相配套的电子版学习指导内容，为更好地理解相关的基本概念和基本理论，全面掌握环境科学的系统知识提供帮助。

本书可作为高等院校非环境类各专业环境科学基础或环境工程基础课程的教材，也可供从事环境保护工作的科技人员学习参考。

图书在版编目（CIP）数据

环境科学基础 / 黄儒饮，郑爽英编著. —5 版. —成都：西南交通大学出版社，20022.8
ISBN 978-7-5643-8793-8

Ⅰ. ①环… Ⅱ. ①黄… ②郑… Ⅲ. ①环境科学
Ⅳ. ①X

中国版本图书馆 CIP 数据核字（2022）第 133251 号

Huanjing Kexue Jichu

环境科学基础

（第 5 版）

黄儒饮　　郑爽英　编著

*

责任编辑　王　旻
特邀编辑　孟苏成
封面设计　曹天擎

西南交通大学出版社出版发行

四川省成都市二环路北一段 111 号西南交通大学创新大厦 21 楼
邮政编码：610031　发行部电话：028-87600564
http://www.xnjdcbs.com
成都蓉军广告印务有限责任公司印刷

*

成品尺寸：185 mm×260 mm　　印张：12
字数：300 千
1997 年 12 月第 1 版　2001 年 3 月第 2 版　2007 年 10 月第 3 版　2016 年 1 月第 4 版
2022 年 8 月第 5 版　2022 年 8 月第 15 次印刷
ISBN 978-7-5643-8793-8
定价：38.00 元

课件咨询电话：028-87600533
图书如有印装质量问题　本社负责退换
版权所有　盗版必究　举报电话：028-87600562

第 5 版 前 言

环境保护是全球性的重要问题，我国政府早已把保护环境作为一项基本国策，高度重视生态环境污染的防治工作。保护环境必须克服先污染后治理的思想，必须从发生污染的源头抓起。2019 年，在新中国成立 70 周年之际，我国把防治生态环境污染列入全国攻关任务之一。

本书根据最新的环境科学评价体系，系统地阐述了环境科学的基本概念、基本原理及环境污染控制的基本手段，在第 4 版 (2015 年) 的基础上补充并完善了环境科学相关的理论和应用实践。

全球气候变暖对人类的生存造成了巨大的威胁，气候变暖已成为人类当前最为关心的环境问题。因此，在本书的这次修订中，第一章绪论增加了"巴黎协定的理念"一节，同时删去了本章原来的第五节和第七节关于城市的主要环境问题等内容。另外，为了帮助学生更好地理解该课程的基本概念和基本理论，全面掌握环境科学的系统知识，特增加了与本教材相配套的电子版学习指导内容，包括第一章至第六章的本章导学、例题精析、自测试题和参考答案等内容。

本次修订再版工作主要由黄儒钦对第一章相关内容做了增或删，郑爽英增加了电子版学习指导内容。

本书作为一本大学环境科学类的教材，自出版 20 多年来，得到了全国相关高校师生及广大读者的支持，编者在此致以衷心感谢，并望读者继续给予批评指正。

编　者

2022 年 4 月

第 4 版前言

本书作为一本大学非环境类专业的环境科学教程，自 1997 年问世及其第一、二、三版发行近 20 年以来，受到全国各高校及社会关注，并获得原铁道部优秀教材奖及中国大学出版社协会的优秀畅销书奖。为适应学科发展及社会和学校的需要，在学校教材奖励基金支持下我们对本书再次进行了修订再版。

本次修订内容包括：书中过时资料的更新，对各章有些定义与概念的阐述做了补充，对各章内容做了相应的增或删。

参加本次修订再版工作的有黄儒钦（第一、二、六章）、郑爽英（第三章）、王文勇（第四、七章）、刘丹（第五章）；新版仍由黄儒钦教授主编。付永胜教授曾参与了原书前三版第五、六章的编写与修订工作。

编者感谢多年来广大读者对本书的支持，并恳请读者继续对本书给予批评指正。

编　者
2015 年 9 月

第 3 版 前 言

随着全球经济的迅速发展，在人口、资源、环境与经济发展的关系上，出现了一系列尖锐的矛盾，这越来越引起世界各国的高度重视。在新世纪里，如何着力解决好经济、社会与环境的持续协调发展问题，关系到人类的生存与进一步发展。

本书自 1997 年问世以来，作为大学的一本必修课程或选修课程的教材，在增进大学生的环境科学基础知识和提高环境素质或环保理念方面起到了促进作用。本书已被四川省的省精品课程之一的"环境工程基础"课程选为教材。现根据学科的发展和教学需要以及读者的建议，在第 2 版的基础上再次修订。

在这次修订中，对原第 2 版中的内容做了一些增删。如增加了对清洁生产、烟气脱硫、大气污染综合防治和固体废物管理等方面的阐述，并用国家新颁布的地表水环境质量标准及生活饮用水卫生标准代替了原书中使用的旧标准。

本书仍由原编者黄儒钦（第一、二章）、郑爽英（第三章）、王文勇（第四、七章）及付永胜（第五、六章）参加修订，新版仍由黄儒钦教授主编。这次第 3 版修订稿得到了孙国瑛教授、黄涛教授、刘丹教授、杨敏副教授、李启彬副教授及王绍筎讲师等老师的审阅与帮助，编者在此一并表示感谢。限于编者水平，书中难免有不妥之处，恳请读者继续给予批评指正。

编　者
2007 年 8 月

第 2 版前言

本书初版自 1997 年问世以来，作为一本非环境类专业的"环境科学基础"或"环境工程基础"课程的教材，已被西南交通大学及广东、福建等地的一些高等院校所采用。现根据最近五年来环境问题和环境科学的迅速发展，以及教学改革的需要和读者的建议，对该教材进行修订再版。

这次修订对原书的一些内容进行了重新编写和重要补充。例如：增加了可持续发展理论与实践问题的阐述；增加了城市污水处理的主体工艺即生物处理工艺发展的综述；用国家新颁布的环境标准和新资料代替旧的标准与资料；各章思考题做了修改与补充等。修订版的全书章节与顺序仍与初版一致。

参加本书修订工作的仍是原第 1 版教材的编者：黄儒钦（第一、二章）、郑爽英（第三章）、王文勇（第四、七章）及付永胜（第五、六章）。本书新版仍由黄儒钦教授主编。

新版修订稿得到了刘丹教授、张建强教授以及杨敏、欧阳峰等多位老师的审阅，他们提出了不少宝贵意见，编者在此一并表示感谢！

目前，"环境与发展"及"和平与发展"已成为全人类关心的两大主题。环境科学的发展及全民环境意识的提高亦为人们所关心。编者的愿望是使新版教材能在新世纪中更适应教学需要、并利于有关科技人员自修与工作参考。由于编者水平所限，书中仍不免有不妥之处，敬请读者继续给予批评指正。

编　者

2002 年 4 月于成都

第1版前言

环境科学是一门研究人类环境质量及其控制的科学。由于社会的需要，近二三十年来环境科学发展异常迅速，已发展成为一门介于自然科学、技术科学与社会科学之间相互渗透、相互交叉的新兴科学。

随着经济建设的进一步发展，我国的经济实力和人民生活水平正逐步得到提高，人们对环境质量必然会提出更高的要求。环境问题已越来越渗透到国民经济的各个部门，可以说，目前已没有任何一个经济领域不与环境科学发生联系。为了适应这种情况，国家教委要求在大学理、工科各专业中设置环境科学方面的课程，以便拓宽学生的知识，进一步培养学生的能力和素质，使高等学校培养出来的人才更能适应21世纪社会的需要。

本书作为非环境类专业的环境科学课程教学之用，按32个教学学时编写。该书是根据学科的发展、培养高级技术人才的需要，集我们历年教学实践的经验编写而成。全书共分七章，包括生态学基础、水体污染控制、大气污染控制、固体废物处理、噪声及其他公害的防治、环境质量评价等内容。为便于教与学，书中除注重科学性、系统性和实用性外，各章还编有供自学或复习用的思考题。

本书由西南交通大学黄儒钦教授主编、罗健教授主审。参加编写的人员有黄儒钦（第一、二章）、郑爽英（第三章）、王文勇（第四、七章）、付永胜（第五、六章）。

本书在定稿过程中，孙国瑛教授、李志君教授和欧阳峰讲师均提出了不少宝贵意见，编者在此一并感谢！

本书作为大学教材，引用了许多国内外的有关文献资料，在书后均已列出，在这里编者向我们引用的参考文献的作者致以谢意！

环境科学虽然只有几十年的发展历史，但它所涉及的学科范围非常广泛，研究内容仍在不断发展，目前其资料浩如烟海，内容十分丰富。限于编者的水平，书中难免有不妥之处，恳请广大读者批评指正。

本书由西南交通大学教材出版基金赞助出版。

编　者
1997 年 6 月

目　录

第一章 绪 论

环境污染和生态破坏是人类面临的重大社会问题之一。在近代社会发展过程中，许多国家由于对环境问题处理不当，致使其生态环境、人民健康和社会经济蒙受巨大损害，并为此付出了高昂的代价。当今，随着全球人口、工农业生产和科学技术的迅速发展，人口、资源与环境之间的矛盾尖锐突出，环境问题已越来越引起人们的普遍关注和重视，成为全球性的重要问题。我国政府已把保护环境作为一项基本国策，以使国家的经济建设与环境建设持续协调地发展，避免国家在实现现代化的进程中走先污染后治理的弯路。

我国从 2015 年 1 月 1 日起，实施新修订的环境保护法。新法继续强调了"保护环境是国家的基本国策"，并明确了"环境保护坚持保护优先、预防为主、综合治理、公众参与、损害担责的原则"。

我国在 2018 年 5 月 18 日至 19 日，在北京召开了举世瞩目的全国生态环境保护大会。会议指出，我国已是世界第二大经济体，经济已由高速增长阶段转向高质量发展阶段。生态环境是关系到民生的重大社会问题，广大人民群众热切期盼加快提高生态环境质量。为此，国家制定了为满足人民群众日益增长的优美生态环境需要的一系列政策和措施。

究竟什么是环境和环境问题呢？本章将首先对环境与环境问题的含义、当前主要环境问题、可持续发展问题、巴黎协定的理念和环境科学的研究内容作一概括介绍。

第一节 环境与环境问题

一、环境概念

什么是环境？环境泛指某项主体周围的空间及空间中的介质。可见，环境是一个相对于主体而言的客体，它与主体相互依存，它的内容随着主体的不同而不同。在环境科学中，要讨论的主体是人，所研究的环境是人类的生存环境，它包括自然环境和社会环境两方面。

自然环境：环绕于人类周围的各种自然因素的总和。它在人类出现以前便已存在，并已经历了漫长的发展过程。人类的自然环境由空气、水、土壤、阳光和各种矿物质资源等环境因素所组成，一切生物离开了它就不能生存。目前，人类活动的自然环境即生物圈，主要限于地壳表面和围绕它的大气层的一部分，一般包括海平面以下 12 km 到海平面以上 10 km 的范围。对庞大的地球（赤道半径为 6 378 km，极半径为 6 357 km）而言，生物圈仅仅是靠近地壳（地壳厚度各处不一，大陆地壳平均厚度为 35 km，海底地壳平均厚度为 6 km）表面薄薄的一层而已。人类的自然环境除有上述的非生物因素外，还有动物、植物和微生物等生物因素。目前，环境科学研究的自然环境主要是指自然环境中的生物圈这一层。

社会环境：人类长期生产活动的结果。人类在长期发展过程中，不断地提高物质生活、科学技术和文化生活水平，并创造了城市与乡村、工业与交通、名胜风景与文化娱乐点，以及文物古迹等人工环境因素，形成了人类的社会环境。

在《中华人民共和国环境保护法》中对环境的定义："本法所称环境，是指影响人类生存和发展的各种天然的和经过人工改造的自然因素的总体，包括大气、水、海洋、土地、矿藏、森林、草原、野生生物、自然遗迹、人文遗迹、自然保护区、风景名胜区、城市和乡村等。"当然，本书所讲的还没有涉及上述环境的全部内容，只是涉及目前与人类关系密切的、必须加以保护的那一部分人类的自然环境与社会环境。

需要指出的是，人类生活的环境目前虽主要限于生物圈以内，但随着科学技术的发展，人类的活动领域已扩大到地壳的深处和星际空间。因此，人类的生活环境将随着人类活动范围的扩大而扩大。

二、环境问题

人类与环境之间是一个相互作用、相互影响、相互依存的对立统一体。人类的生产和生活活动作用于环境，会对环境产生有利或不利的影响，引起环境质量的变化；反过来，变化了的环境也会对人类的身心健康和经济发展产生有利或不利的影响。

所谓环境问题，是指由于人类不恰当的生产活动引起全球环境或区域环境质量的恶化，出现了不利于人类生存和发展的问题。

人类环境问题按成因的不同，可分为自然的和人为的两类。前者是指自然灾害问题，如火山爆发、地震、台风、海啸、洪水、旱灾、沙尘暴、地方病等所造成的环境破坏问题，这类问题在环境科学中称为原生环境问题或第一环境问题。后者是指由于人类不恰当的生产活动所造成的环境污染、生态破坏、人口急剧增加和资源的破坏与枯竭等问题，这类问题称为次生环境问题或第二环境问题。

由此可见，环境科学中着重研究的不是自然灾害问题，而是人为的环境问题即次生环境问题。

由于环境是人类生存和发展的物质基础，所以环境问题的出现和日益严重引起了人们的普遍关注和重视，同时也促进了环境科学的发展。

目前，环境问题已成为很多国家关注的首要问题。为什么呢？这是因为环境污染与生态破坏已直接影响到人们的身体健康与生存，而且对社会与经济发展产生了严重的负面影响。

第二节　环境问题的发展

一、生物圈发展简史

上节已指出，目前人类主要活动的自然环境为生物圈，即有生命存在的接近地球表面的那一层环境。据科学测算，地球大约是在 46.6 亿年前由形成太阳系的一团混浊不清的星云分化而产生的。地球上是何时才出现生命的呢？是在 30 多亿年前出现了生命，当时地球上的第一代生物是一些在海洋中的蓝藻类低等植物。

人类是自然界生物进化的产物。据研究表明，人类的出现和发展只有 300 万年左右的历史，这与地球漫长的历史相比，仅仅是短暂的一瞬。由此可知，若地球历史假定为 20 h，而人类历史仅约 1 min 而已。人类的发展经历了从猿人、智人到现代人的阶段。我们中华民族具有 5 000 多年的文明史，是地球上历史最悠久的民族之一。

二、环境问题的由来与发展

从 300 多万年前人类诞生到 18 世纪产业革命之前的这段漫长时间里，社会经济发展处在农业时期（主要解决食物问题）。此时，工业规模较小并处于手工业状态，人类对自然资源还没有大量地开发和利用。这段时期人与自然环境之间较为和谐，地球上大部分自然环境都还保持着良好生态。

18 世纪产业革命后，蒸汽机、内燃机相继出现，大机器生产替代了手工业生产。各种机器的使用需要大量的煤和石油作为燃料或原料，一些工业发达的城市和工矿企业排出大量的废气、废渣和废水，造成环境污染与生态破坏，形成了所谓的社会公害，使人类的生存和发展受到威胁。

如在 20 世纪 30—70 年代，发生在比利时、美国、英国和日本的八大公害事件便震惊了全世界。其中，比利时马斯河谷烟雾事件（1930 年 12 月），一个月内导致几千人受害发病，60 人死亡；美国洛杉矶光化学烟雾事件（1943 年 5—10 月），使洛杉矶市大多数居民患病，400 位 65 岁以上老人死亡；美国多诺拉镇烟雾事件（1948 年 10 月），4 天内该镇 1.4 万居民中的 42% 因空气污染而患病，17 人死亡。英国伦敦烟雾事件（1952 年 12 月），5 天内 4 000人死亡；日本九州水俣海域甲基汞事件（1953 年），有 2 万多人患病，1 000 多人死亡；日本九州米糠油事件（1968 年），爱知县等 23 个府县的居民，因食用含多氯联苯的米糠油，病患者达 5 000 多人，死亡 16 人；日本富山县骨痛病事件（1931—1972 年），居民因吃含镉的米，喝含镉的水，病患超过 280 人，死亡 34 人；日本四日市哮喘病事件（1955—1972 年），当地居民因受空气污染，吸入有毒重金属微粒及二氧化硫，致使患者达 500 多人，有 36 人在气喘病折磨中死去。上述发生在 20 世纪中期的八大公害事件，都是由于环境遭受严重污染尤其是大气污染与水体污染后形成的环境公害事件。

近 50 年来，全球经济迅速发展，工业不断集中和扩大，与之相联系的城市化速度加快，高消费生活方式相继出现，造成资源的大量消耗。除了煤烟污染之外，随着石油在能源中所占的比例加大，又增加了新的污染源。同时农药污染和放射性污染也相继出现。由于生产活动排放的污染物质成倍地增长，人工合成的难降解的化学物质层出不穷，大型工程的建设以及城市人口的高度集中等原因，发生严重的环境污染和生态破坏的现象时有发生，形成了新的环境灾害。例如：1984 年 12 月 13 日，印度中央邦博帕尔一家农药厂（美资企业）的地下储料罐爆炸，泄漏出剧毒的甲基异氰酸酯，使 3 000 多人在睡眠中再也没有醒来，10 多万人残废，而其中的 5 万人眼睛受损，再也看不见精彩纷呈的世界。1986 年 4 月 26 日凌晨，当时位于苏联北部的乌克兰切尔诺贝利核电站第四号反应堆发生爆炸，导致大量放射性物质泄漏，酿成了世界核电史上最大的生态灾难，当天便造成 35 人死亡，30 多年来，受放射性伤害死去的人已达 30 多万，有近百万名儿童受到严重的放射性损伤。迫于民众压力，乌克兰政府于 2000 年年底正式永远关闭切尔诺贝利核电站。

近 40 多年来，我国经济高速发展，但是自然资源的消耗量和污染物的排放量也大幅度上升，使我国的生态环境面临十分严峻的挑战，严重的环境污染事件尤其是水污染事件时有发生，引起国人的忧虑和不安。

2006 年，当时的国家环保总局发表的监测数据表明，我国江河湖海的水污染状况仍比较严峻：对全国达 14 万千米河流和 322 座水库进行的水质评价，近 40% 的河水受到严重污染。全国七大水系，即长江、黄河、珠江、松花江、海河、淮河和辽河流域的 412 个监测断面中，劣 V 类的水（V 类水已不能和人体直接接触）占 28%，即近 1/3 的水用于农业灌溉都不合格。

在人类已步入 21 世纪的今天，科学技术突飞猛进，人类在经济发展中不断取得胜利，但同时也带来了新的环境问题。我国正面临高速铁路的建设，若处理不当，高速列车的运行将带来新的环境问题：高速列车运行对沿线环境的噪声污染与振动干扰、电磁辐射的影响、列车废弃物的污染、列车车厢的环境控制、隧道的环境控制、高速铁路与城市规划的衔接等问题。这些在铁路建设中出现的环境问题，应引起科技人员的重视。

以上情况表明，近 70 年，随着人口的迅速增长（至 2021 年世界总人口已突破 77 亿，其中我国总人口亦已超过 14 亿）和人类对地球影响规模的空前扩大，在人口、资源、环境与经济发展关系上出现了一系列尖锐的矛盾，引起了世界各国的关注。1972 年在瑞典斯德哥尔摩举行了第一次人类环境会议，敲响了环境问题的警钟，推动了各国政府把资源与环境保护工作列入政府的议事日程上。然而，几十年过后，尽管人们做了多方面的努力，资源、环境问题不仅没有得到真正改善，又出现了许多新的问题，如全球气候变暖、臭氧层的耗损、全球酸雨蔓延、生物物种锐减、人口急增、资源匮乏等。这些当前世界面临的主要环境问题的出现正威胁着人类的生存与发展。严峻的全球环境现实迫使人们对过去在资源的高消耗与对环境问题的忽视方面进行认真反思，并探索一条有效的、导致人类繁荣昌盛的道路。于是，1992 年 6 月，联合国在巴西里约热内卢举行了有 183 个国家和 70 个国际组织参加的"联合国环境与发展大会"，会上提出了一条各国共同接受的今后人类发展应走的道路——可持续发展的道路。

第三节　可持续发展的道路与实践

一、环境与发展的关系

人类进入 20 世纪之后，尤其是在第二次世界大战之后的 70 多年里，全球经济发展很快，许多国家相继走上了高度工业化的发展道路。

至 2018 年年底，全球的国民生产总值 GDP（Gross Domestic Product）已超过了 85.2 万亿美元，其中美国的 GDP 在该年为 20.5 万亿美元，占世界 GDP 的 24%；我国的 GDP 在该年也已达到 13.6 万亿美元，占世界 GDP 的 16%。但伴随而来的是全球出现了人口的急剧膨胀（1800 年前后，全球人口接近 10 亿，1930 年才达到 20 亿，1960 年达到 30 亿，1975 年为

40 亿，1987 年达到 50 亿，1999 年 10 月 12 日突破 60 亿，2011 年 11 月 1 日已超过 70 亿，至 2018 年年底已超过 76.3 亿。）、资源过度消耗、生态急剧破坏、环境遭到严重污染而日趋恶化，人类的生存与发展遇到了巨大的挑战。面对严峻的现实，人类不得不重新审视自己的社会经济行为。人们开始意识到，即使经济发展了，由于忽视环境保护问题，社会实际福利水平反而下降了，生活环境反而恶化起来；从另一方面看，由于环境遭受污染和生态的破坏，也反过来制约了经济发展，给社会发展带来不利影响。由此可见，全球经济的高速发展不能以牺牲环境为代价。社会经济的发展和生态环境的保护，两者之间存在着相互作用、相互影响和相互依存的关系。

人类生存的永恒主题是发展，人类对发展的认识是随着时间的推移而提高的。进入 20 世纪 90 年代以来，人类在饱尝了工业污染和生态退化所造成的恶果之后，开始意识到"发展"不能单纯追求经济增长，发展的同时还要解决由于"发展"而引起的环境问题。

从近代社会发展进程可知，环境问题是随着经济和社会的发展而产生与发展的，老的环境问题解决了，新的环境问题又会出现，即使在发达国家中也不例外。近几十年来，发达国家经过努力，水和大气环境状况有所改善，但噪声和固体废弃物问题又伴随经济的进一步发展变得严重起来。总之，人类与环境这一对矛盾是不断运动、不断变化、永无止境的。

现在，人们已开始认识到发展和环境应是相辅相成与密不可分的关系。近几十年，人们在努力寻求一条使经济、社会和环境协调发展的道路，即可持续发展道路。

二、可持续发展的由来与含义

（一）可持续发展的由来

可持续发展是当今人类最为关心和迫切需要解决的问题之一。可持续发展（Sustainable Development）一词，最初出现在 20 世纪 80 年代的一些文献中，它缘于近几十年来人们对上述环境与发展关系问题的反思和创新。可持续发展思想是基于全球人口剧增、能源紧张、资源过度消耗以及诸如气候变暖、臭氧层耗损、生物物种锐减、有毒有害废弃物越境转移等全球环境问题不断加剧，已经对人类的生存和发展构成威胁的情况下产生的。对于可持续发展这一概念的解释，开始时众说纷纭：发达国家强调维护目前生态和环境保护的同时，限制资源开发甚至要限制地球上任何国家的资源开发；广大发展中国家则强调国家的自然资源开发、利用与保护是属于国家的主权，并强调只有在促进了持续发展（Sustained Development）的前提下，才能逐步解决好环境保护问题。

对可持续发展理论的形成起到关键作用的是联合国于 1983 年成立的世界环境与发展委员会（WCED）。该组织在挪威前首相布伦特兰夫人（G. H. Brundland）领导下，经过 3 年的深入研究，于 1987 年向联合国提交了名为《我们共同的未来》的研究报告。

《我们共同的未来》分为共同的问题、共同的挑战、共同的努力三个部分。报告中分析了人类面临的一系列重大经济、社会和环境问题之后，鲜明地提出了"可持续发展"的概念。报告指出，在过去，人们关心的是经济发展对生态环境带来的影响；而现在，人们则迫切感到生态的压力对经济发展带来的重大影响。因此，全人类需要有一条新的发展道路，这条道路不是一条仅能在若干年内、在若干地方支持人类进步的道路，而是一条能在今后长时期内，在全球各地支持人类进步的道路，即"可持续发展道路"。报告提出的这个创新的科学观点，把人们从单纯考虑环境保护引导到强调把环境保护与人类发展结合起来，实现了人类解决有关环境与发展关系的思想飞跃。

为了实现可持续发展战略，必须动员国际社会包括各国政府和人民群众广泛参与。联合国对于可持续发展战略思想的确立与推行起了关键作用。1992年6月，联合国在巴西里约热内卢召开的"联合国环境与发展大会"通过了《里约环境与发展宣言》和《全球21世纪议程》两个纲领性文件，第一次把可持续发展由理论和概念推向行动。

这次会议以可持续发展为指导思想，不仅加深了人们对环境问题的认识，而且把环境问题与经济、社会发展结合起来，树立了环境与发展相互协调的观点，找到了一条在发展中解决环境问题的思路。

（二）可持续发展的含义

可持续发展战略思想作为一种新的理论体系正逐步形成，它的产生背景、思想内涵、实际措施和评价指标体系等方面都在引起人们的关注与研究。

1. 可持续发展的定义

什么是可持续发展？尽管目前众多学者从不同角度去表述，但公认的经典定义是 1987年《我们共同的未来》即布伦特兰报告中提出的定义：可持续发展是指"既满足当代人的需要，又不对后代人满足其需要的能力构成危害的发展（Sustainable development is development that meets the needs of the present without compromising the ability of future generations to meet their own needs. ）"。这个基本定义已经为1992年6月在里约热内卢召开的联合国环境与发展大会所确认。通俗地讲，所谓可持续发展，就是既要考虑当前发展的需要，又要考虑未来发展的需要，不要以牺牲后代人的利益为代价来满足当代人的利益。

2. 可持续发展的含义

上述可持续发展的定义包含了两个基本观点：一是人类要生存就得要发展，尤其是贫困群体要实现经济发展目标；二是当代人的发展要有限度，尤其是要考虑环境限度，不能危及后代人的生存和发展能力。

走可持续发展道路，是当今人类的新共识和新思想。尽管人们还在探讨该新思想的丰富含义，但目前我们认为可持续发展战略的思想内涵包括了三个方面：一是可持续发展不仅要考虑满足当代人的物质与精神生活的需要，还要考虑满足后代人的发展需要，强调了发展中的国家间、地区间、代际间的公平性；二是可持续发展要处理好发展经济与人口、资源和环境之间的协调关系，强调了发展中的多因素协调性；三是可持续发展必须是支持人类生命基础的经济、社会和环境三方面都需要持续发展，否则，人类就不可能永远幸运地生存下去，强调了人类发展的持续性。

可持续发展思想已被世界各国普遍接受，并正逐步成为全人类的伟大实践。

三、可持续发展的措施

对不同地区和不同国家来说，甚至对同一个国家发展的不同时期，其所面临的问题和采取的可持续发展的措施是不同的。对于大多数发展中国家来说，发展经济、满足人民最基本的生活需要是可持续发展的前提。因为一个可持续发展的社会不可能建立在贫困、饥饿和生产停滞的基础上。对于发达国家来说，其重点则应放在改造技术，使之向低投入、低消耗的方向转变。

人类社会经济若要实现可持续发展，必须从社会、经济、科技、教育、行政和法律等各个方面采取如下具体措施：

（一）把人口保持在可持续发展的水平上

把人口保持在可持续发展的水平上，也就是说，要实行计划生育，控制人口增长率和人口数量。20世纪后期，全球人口剧增，每12年左右便增加10亿人口，我国每年净增人口也达1 000万左右。目前，全球人口的平均增长率为1.7%，我国为5.89‰，若能把人口增长率控制在1%以下，人口对资源及环境的种种压力便可大大减轻。另外，在控制人口数量的同时必须重视提高人口素质和改善人口结构。通过人口素质的普遍提高，使得庞大的人口压力转化为巨大的人力资本，使得对环境的负面因素变成正面因素。为此，需要大力发展文化教育事业，加强环境教育，提高全民环境意识。群众的参与方式和程度，将决定可持续发展目标实现的进程。由此可见，人口数量与素质，是实现可持续发展的重要制约因素和支撑力量，是不可缺少的社会基础。

（二）节约资源

自然资源是人类生存和发展的物质基础。自然资源可分为不可再生资源（如石油及其他矿产等）和可再生资源（如水、森林、草原等）两类。我国的人均资源占有量相对较少，有资料表明，我国人均淡水、耕地、森林和草地资源分别只占世界人均水平的28.1%、32.3%、14.3%和32.3%左右，若再考虑人口增长因素，我国自然资源更显不足，这将成为对社会经济持续发展的制约因素。因此，要节约资源，就必须转变传统的经济增长方式，从高投入、高消耗的粗放型模式向节约资源、降低消耗、减少污染的低碳经济模式转变。目前，我国在单位国民生产总值能耗方面比美国和日本高许多。对于发达国家来说，还要解决其高消费水平问题。占世界人口26%的发达国家消耗全球70%以上的资源和能源（见表1.1）。对于发展中国家，则要解决如何满足其最低消费（生活需要）问题。表1.1大体上反映了发达国家与发展中国家在消费方面的巨大差距，说明了发展中国家发展经济、满足人民基本需要是实现可持续发展的前提。

表 1.1　关于世界消费量的分配

商　品		人均消费单位	发达国家（占世界人口26%）		发展中国家（占世界人口74%）	
			在世界消费量中的比例（%）	人均消费量	在世界消费量中的比例（%）	人均消费量
粮食	热　量	J/d	34	14 215	66	10 003
	蛋白质	g/d	38	99	62	58
	脂　肪	g/d	53	127	47	40

商 品	人均消费单位	发 达 国 家 （占世界人口 26%）		发 展 中 国 家 （占世界人口 74%）	
		在世界消费量中的比例（%）	人均消费量	在世界消费量中的比例（%）	人均消费量
纸　　张	kg/a	85	123	15	8
钢	kg/a	79	455	21	43
其他金属	kg/a	86	26	14	2
商业能源	t 煤当量/a	80	5.8	20	0.5

注：该表引自世界环境与发展委员会于 1987 年发表的《我们共同的未来》报告。

（三）防止工业污染，保护环境

工业污染是造成环境污染的首害，有关资料表明，我国目前环境污染的 80% 来自工业企业。因此，在可持续发展的道路上，工业污染是重大障碍。为了减少和防止工业污染，最关键的办法，是从企业产生污染的源头来着手解决，即尽量降低原料和能源消耗，并减少工业生产过程中废物的产生量和排放量，同时，使污染物或废物最大限度地资源化。要做到这些，则要求生产企业必须推行清洁生产的工艺技术。关于"清洁生产"的概念，将在下一节阐述。

由于目前国内外工业企业的生产技术大部分还没有达到清洁生产工艺的水平，所以，企业生产末端产生的"三废"很多，若不经处理直接排放到自然界，最终便会形成严重的环境污染。所以，目前企业或城市的末端治理（含有许多重要的"三废"处理设施）仍是对环境污染控制的最重要手段。

目前，为了减少工业污染，保护环境，需不断增加环保资金的投入。在我国，"六五"期间环保投入占国内生产总值（GDP）的 0.5%，"七五"期间占 0.67%，"八五"期间占 0.8%，"九五"期间占 1.2%，"十五"期间占 1.5%，"十一五"与"十二五"期间投入约占 1.6%，"十三五"期间投入占到 3% 以上，预计"十四五"期间的环保投入占比会进一步提高。在发达国家，对末端治理所投入的环保资金也相当巨大，目前一般都达到该国 GDP 的 3% 左右。

（四）其他措施

要实现可持续发展，除了采取上述控制人口、节约资源、防止工业污染等措施外，还需采取推行生态农业、植树造林、保护生物多样性，对城市和农村的环境污染实行综合整治，健全环境法制与强化环境管理，推进对可持续发展评价指标的研究及实施等措施。

四、可持续发展的评价指标

可持续发展的思想从 20 世纪 80 年代正式确立以来，尽管各国政府都已明确接受，但是，如何从一个思想观念推进到可操作的管理层次仍需进行许多研究。目前，一个迫切要解决的问题就是如何从可持续发展的角度对人类社会的发展状态和程度进行衡量和评价。要进行评价，就必须确定指标和建立指标体系。

1992 年世界环境与发展大会之后，联合国为了对各国在可持续发展方面的成绩与问题有一个较为客观的衡量标准而成立了可持续发展委员会，由该委员会制定出联合国可持续发展指标体系。

（一）联合国可持续发展指标体系

联合国可持续发展指标体系由驱动力指标、状态指标、响应指标三个因素构成。这个复杂系统的指标反映了经济发展、社会发展和环境发展三个方面或三个子系统的内容。

1. 驱动力指标

驱动力指标反映对可持续发展有影响的人类活动、进程和方式，即表明环境问题产生的原因。这类指标主要有人均能量消费量、人均水消费量、矿藏储量消耗量、人均实际 GDP 增长率、排入海域的氮与磷量、温室气体排放量、就业率、人口净增率、成人识字率，等等。

2. 状态指标

状态指标是衡量由于人类行为而导致的环境状态的变化，即表明可持续发展的状况。这类指标主要有贫困度、人口密度、人均居住面积、原材料使用强度、水体中的生化需氧量 BOD 和化学需氧量 COD 值、植被指数、森林面积、荒漠化面积、濒危物种比率、SO_2 等主要大气污染物的浓度、人均垃圾处理量、科学家和工程师与医生数量/（10^6 人），等等。

3. 响应指标

响应指标是对可持续发展状况变化所做的选择和反应，即表明社会及其制度机制为减轻诸如资源破坏等所做出的努力。这类指标主要有人口出生率，教育投入占 GDP 比率，科研投入占 GDP 比率，环保投入占 GDP 比率，再生能源的消费量与非再生能源消费量的比率，等等。

上述指标体系虽经许多专家的多次讨论修改，但由于各国的实际情况相差甚远，因此，联合国提出的该指标体系目前只能供各国参考使用。

（二）我国可持续发展指标体系

各国对于可持续发展指标体系开展了大量研究工作，但能提供实际操作的成果至今寥寥无几。

我国在"九五"期间，由当时的国家环保总局牵头成立了"可持续发展指标体系"课题组，结合中国国情，并参照联合国可持续发展指标体系及世界银行的研究成果，以福建省三明市及山东省烟台市为样本进行了深入研究，于 1999 年 6 月完成了课题研究任务，并把成果《中国城市环境可持续发展指标体系研究手册》交由中国环境科学出版社出版。

上述研究成果使得可持续发展指标体系在中国初步具有可操作性。手册中提出了"中国环境可持续发展指标体系"，它也是由驱动力指标（或称压力指标）、状态指标及响应指标所构成，涵盖了经济发展、环境发展及社会发展三个子系统的内容。该体系具体指标如下：

1. 经济子系统指标

经济子系统指标：主要有 GDP、人均 GDP、GDP 增长率、总投资及其占 GDP 的比例、总消费及其占 GDP 的比例等。

2. 环境（含资源）子系统指标

环境（含资源）子系统指标：主要有 SO_2 排放量及浓度、NO_x 排放量及浓度、PM_{10}（指粒径小于和等于 10 μm 颗粒物）产生量及浓度、$PM_{2.5}$（指粒径小于和等于 2.5 μm 的颗粒物）产生量及浓度，污水排放量、污水处理率、可利用水资源量、耗水量、单位 GDP 耗水量、节水量，垃圾产量、垃圾堆存量及所占土地面积、垃圾处理率及综合利用率，矿产资源储量、年开采量、能源消费量、耕地面积、土地使用面积、森林覆盖率、砍伐量、生产量、渔业最大可持续产量等。

3. 社会子系统指标

社会子系统指标：主要有人口数量、人口增长率、控制人口增长率、失业率、平均受教育年限、成人识字率、教育投入占 GDP 比例等。

另外，该体系还列出一些货币化指标（单位为元或占 GDP 的百分比），如环境污染总损失、环境污染造成人体健康损失、环境污染造成劳动力损失、可再生资源损耗、不可再生资源损耗等。

第四节　清洁生产

前面已指出，在可持续发展道路上，工业污染是重大障碍。为了减少和防止工业污染，就必须大力推行清洁生产。

一、什么是清洁生产

清洁生产在不同的发展阶段或者不同的国家有不同的叫法，如"无废工艺""少废工艺""无公害工艺""低碳经济工艺""生态工艺""循环工艺"等，但其基本内涵是一致的，即对产品和产品的生产过程采取节能减排措施来降低原材料和能源消耗，并减少污染物的产生。

推行清洁生产是实现可持续发展战略的重要措施，也是新环保法的要求，即"国家促进清洁生产和资源循环利用"。清洁生产的内涵非常丰富并在不断发展，如人们正在研究清洁生产的科学定义、清洁生产的目的、清洁生产的推行是否对企业有利、实现清洁生产有哪些途径、清洁生产如何审核与评价等问题。这些问题是目前涉及各行业及环境保护的热点议题，读者可进行思考或参阅有关文献进行深入探索。

关于清洁生产的概念或定义，1996 年联合国环境署提出了一个经典的论述：

"清洁生产是一种新的创造性思想，该思想将整体预防的环境应用于生产过程、产品和服务中，以增加生态效率和减少人类及环境的风险。"

——对生产过程，要求节约原材料和能源，淘汰有毒原材料，削减所有废物的数量和毒性。

——对产品，要求减少从原材料提炼到产品最终处置的全生产周期的不利影响。

——对服务，要求将环境因素纳入设计和所提供的服务中。

有关清洁生产的定义，在《中华人民共和国清洁生产促进法》（2002 年 6 月 29 日全国人大常委会通过）第二条中有所论述："本法所称清洁生产，是指不断采取改进设计、使用清洁的能源和原料、采用先进的工艺技术与设备、改善管理、综合利用等措施，从源头削减污染，提高资源利用效率，减少或者避免生产、服务和产品使用过程中污染物的产生和排放，以减轻或者消除对人类健康和环境的危害。"

总之，清洁生产工艺技术就是要求在生产过程中，把能源、资源的投入以及废品和污染物的产生减少到最低程度。推行清洁生产的目的是使企业在生产过程中实现节能、降耗和减污，从而达到经济效益、社会进步、环境保护的相互协调。

二、清洁生产的途径

开发清洁生产是复杂的过程，但其基本途径有清洁生产工艺的革新及清洁产品的筹划两个方面。

（1）对工艺革新，要求清洁生产工艺既能提高经济效益，又能减少环境污染。

（2）对产品筹划，要求清洁生产所产生的废物尽量重新回收利用或循环利用，如图1.1所示。

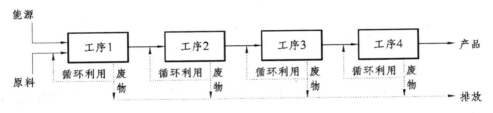

图 1.1　循环生产流程

我国自20世纪90年代以来，一些企业如北京燕山石油化工有限公司炼油厂等已成功推行了清洁生产。清洁生产是一个系统工程。在我国，实现清洁生产的主要途径如下：一是通过工艺革新、设备改造或更新、废物回收利用等途径，实现"节能、降耗、减污、增效"；二是提高组织管理水平，包括管理人员、技术人员、操作工人的素质的提高；三是配套必要的末端治理。

需要指出的是，末端治理作为目前国内外控制环境污染最重要的手段，对保护环境起到了极为重要的作用。然而，随着经济的迅速发展，末端治理控制模式的弊端逐渐显露出来，如末端治理设施（如污水处理厂、烟气除尘与脱硫设施、垃圾处理场等）投资大，运行费用高，致使企业产品成本上升，经济效益下降（目前我国大部分城市和企业都需投入大量资金进行"三废"处理，已造成较大的经济压力）；末端治理存在污染物转移等问题，不能彻底解决环境污染；末端治理未涉及资源的有效利用（人们常说"三废"是放错地方的"资源"，末端治理没把这些"资源"有效利用），不能制止自然资源的浪费。

清洁生产从根本上摒弃了末端治理的弊端，它通过生产全过程控制，减少甚至消除污染物的产生和排放。这样不仅可以减少末端治理设施的建设投资，也减少了其日常运转费用，大大减轻了企业和国家的经济负担。

三、清洁生产的审核

清洁生产审核是一种对污染来源、废物产生原因及其整体解决方案的系统化分析和实施过程。其目的是通过实行污染预防分析和评价，寻找尽可能高效率利用资源，减少或消除废物的产生和排放的方法。

清洁生产审核应有怎样的思路呢？清洁生产审核思路可用一句话来概括，即判明废物产生的部位，分析废物产生的原因，提出方案以减少或消除废物。图1.2表示了清洁生产的审核思路。

图1.2　清洁生产审核思路

从上图可见，清洁生产的审核思路中提出要分析污染物产生的原因、提出减少或消除污染物产生的方案，这两项工作该如何去做呢？为此需要分析生产过程中污染物产生的主要途径，这正是清洁生产（或称源头控制）与末端治理（或称末端控制）的重要区别之一。

第五节　巴黎协定的理念

全球变暖导致的危害涉及人类生存的诸多方面。因此，气候变化已成为当前人类最为关注的问题之一。

近20多年来，各国政府在联合国的主导下，就应对全球气候变化的威胁进行了国际合作，并于2016年达成了《巴黎协定》。

一、巴黎协定的发展沿革

在达成《巴黎协定》前，联合国曾在1992年与1997年分别通过了《联合国气候变化框架公约》与《京都议定书》；

2015年12月12日，联合国气候变化大会（又称巴黎气候大会）一致通过了共有29条的《巴黎协定》（The Paris Agreement）；

2016年4月22日，共有175个国家在纽约联合国大厦当天签署了这个协定（至2016年6月29日，共有178个缔约方签署）；

2016年11月4日，联合国宣布《巴黎协定》正式生效与实施[1]；

2018年12月15日，联合国又在德国波恩、卡托维兹召开了气候变化大会，制定了对《巴黎协定》的实施细则；

---

① 本协定需满足两个门槛方能生效，即应在不少于55个《公约》缔约方，包括其合计共占全球温室气体总排放量的至少约55%的《公约》缔约方交存其批准、接受、核准或加入文书之日后第三十天起生效

2021 年 11 月 12 日，联合国在英国格拉斯哥的气候变化大会上，通过了史上首个减煤协议。

《巴黎协定》是一个正视现实和面向未来关系到全人类的重要协定。它的长期目标是将全球平均气温较前工业化时期上升幅度控制在 2℃ 以内，并努力将温度上升幅度限制在 1.5℃ 以内。

二、巴黎协定的实施细则

（1）欧美等发达国家继续带头减排（指温室气体的减排），并开展绝对量减排，为发展中国家提供资金与技术支持。

（2）中印等发展中国家应根据自身情况提高减排目标，逐步实现绝对量减排或者限排目标。

（3）最不发达国家和小岛屿发展中国家可编制和通报反映它们特殊情况的关于温室气体排放发展战略、计划和行动。

（4）为加强气候行动的国际合作，在 2023 年进行第一次全球总结，此后每 5 年进行一次对各国行动效果的定期评估。

另外，协定和细则还规定，缔约方通报的国家自主贡献应记录在联合国秘书处的一个公共登记册上；还建议建立一个机制——专家委员会，以促进执行和遵守本协定的规定。

三、巴黎协定的意义

1. 达成了共同认识

在近几十年以来，世事纷争不断。但在 2015 年 12 月的巴黎气候大会上，全世界各个国家包括发达国家和发展中国家第一次达成了共识。各国都认识到全球气候变暖已导致了人类生存的威胁，必须共同一致行动起来减缓全球变暖的危险，以保护我们共同赖以生存的家园——地球母亲。

巴黎协定意义重大，它第一次将全球各国纳入了呵护地球生态确保人类发展的命运共同体当中。

2. 制定了共同目标

巴黎协定明确了全球追求的共同长远目标，即承诺将全球气温升高控制在 2℃ 之内，并要努力把升温限制在 1.5℃ 之内。为实现这个长期气温目标，各国应尽快达到温室气体排放的全球峰值即碳达峰，并在 21 世纪下半叶实现碳中和。

有关专家研究表明，若全球气温升高至 2℃ 以上时，两极冰川将迅速融化，全球海平面将升高 10 m 以上，造成的严重危险将是灾难性的。

3. 找到了共同道路

为了实现协定制定的共同目标，全球各国必须积极走可持续发展增长方式，必须向绿色的可持续生活方式、消费方式和生产模式转型，不能再沿袭过去百年严重依赖石化产品的增长继续对自然生态系统构成威胁的模式，必须走低碳环保的发展经济模式。

四、碳达峰与碳中和

2020 年第 75 届联合国大会上，欧盟、墨西哥、马尔代夫、中国、日本、韩国等 30 多个国家和地区，接连提出了碳达峰和碳中和的目标。

什么是"碳达峰"和"碳中和"呢？

所谓"碳达峰"（Carbon peak），就是指国家在 CO_2 的排放量不再增长，达到峰值之后再慢慢减下来。我国承诺 CO_2 排放量力争在 2030 年前达到峰值。

所谓"碳中和"（Carbon neutrality）就是指国家（包括企业、团体或个人）产生的 CO_2 排放量（即温室气体的主要源），通过植树造林（即汇）、节能减排等方式全部抵消掉，实现 CO_2 的"零排放"（即温室气体源与汇的平衡）。我国承诺到 2060 年前实现碳中和。

碳排放与经济发展密切相关，经济发展需要消耗大量能源。

"碳中和"意味着一个以石化能源为发展的时代开始结束，一个向新能源如水能、风能、太阳能、核能等非石化能源过渡的时代来临。碳中和是《巴黎协定》追求的战略目标，也是全球应对气候变暖的历史转折点。

第六节　环境科学的研究内容与任务

环境科学是在人类与环境污染作斗争中产生并迅速发展起来的。环境科学的研究对象是"人类-环境"系统，它是一门研究人类与环境系统的发生和发展、调节和控制、改造和利用的科学。简言之，环境科学是一门研究人类环境质量及其控制的科学。人类与环境这对矛盾是一个对立统一体，也是一个以人类为中心的生态系统。

20 世纪 50 年代末，环境问题成为全球性的重大问题。当时世界上许多科学家，包括生物学家、化学家、地理学家、医学家、工程学家、物理学家和社会科学家对环境问题共同进行调查和研究。他们在各自原有学科的基础上，运用原有学科的理论和方法研究环境问题。通过这种研究，逐渐出现了一些新的分支交叉学科，例如，环境地质学、环境生物学、环境化学、环境物理学（包括环境流体力学等）、环境医学、环境工程学、环境经济学、环境法学、环境管理学，等等。在这些分支学科的基础上于 20 世纪 70 年代孕育产生了环境科学。

环境科学所涉及的内容异常广阔，包括自然科学和社会科学的许多重要方面。环境科学在近二三十年里发展非常迅速。近年来，各种自然科学和工程技术不断地向它渗透并赋予新的内容。所以，环境科学发展至今已成为一门自然科学、技术科学及社会科学有关内容相互渗透、相互交叉的新兴学科。随着环境问题的发展和人类对它的进一步认识，环境科学及其各分支的研究内容将不断地丰富和发展。

从上述环境科学的研究内容可知，环境科学的主要任务：一是研究在人类活动的影响下环境质量的变化规律和环境变化对人类生存的影响；二是研究保护和改善环境质量的理论、技术和方法。

思 考 题

1. 环境及环境问题的含义是什么?
2. 当前我国面临的主要环境问题是什么?
3. 当前世界面临的主要环境问题是什么?
4. 我国的环境保护战略方针是什么?
5. 试分析环境与发展的关系。
6. 试分析可持续发展道路的含义。
7. 可持续发展评价指标体系由哪三个因素构成? 它包括哪些方面?
8. 试述清洁生产的含义。
9. 试述巴黎协定的制定背景与意义。
10. 非环境类专业的大学生为什么要掌握环境科学的基本理论?

第一章　导学、例题及答案

第二章　生态学基础

生态学是研究生物与环境相互关系的科学。生态学是环境科学的理论基础。生物的生存、生长发育、活动、繁殖都需要有空间，这个空间给生命的维持提供物质和能量。生物生活的空间，即是生物的环境。

近 50 年，全球经济迅速发展，但自然资源的消耗量和污染物的排放量也大幅度增加，造成环境污染和生态破坏，危及生物及人类的发展。

究竟什么是生态破坏、生态平衡失调呢？本章将着重讨论生态学的一些基本概念、生态系统的结构和功能以及城市生态系统等问题。

第一节　生态系统的概念

一、生态学的含义

德国生物学家黑格尔（Ernst Haeckel）在 1869 年的《生物普通形态学》一书中，首先提出了生态学（Ecology）一词。其英文的词首和经济学（Economics）是相同的，均为 Eco，来源希腊文 Oikos，表示"家庭居住场所"或"环境"的意思，可见生态学和经济学、家庭、环境等，从词源和词义上说是有密切关系的。黑格尔首次给生态学所下的定义是：生态学是研究有机体与其有机和无机环境之间相互关系的科学。

生态学自 19 世纪 70 年代形成以来，已发生了许多变化并有了很大的发展。目前对生态学的研究一般分为个体生态学、种群生态学、群落生态学和生态系统生态学。本课程着重讨论生态系统生态学（Ecosystem Ecology）。

二、生态系统的含义

生态系统生态学简称生态系统（Ecosystem）。自然界没有一个生物个体能够单独生存，通常是不同数量的个体集合在一起，成为一个有机的集合体。一个生物物种（Species）在一定范围内所有个体的总和在生态学中称为种群（Population）。如一个湖泊里的鲤鱼种群，便是由所有的鲤鱼鱼苗、幼鱼及成年鲤鱼集合而成的群体。

在一定的自然区域中许多不同种群的生物的总和称为群落（Community）。可见，群落是指生活在特定空间的一些种群构成的生物集合体。一个自然群落就是在一定地理区域内，生活在同一环境下的动物、植物和微生物种群的集合体。如一片草原中的生物便可看作一个群落，在该片草原里生活着各种动物、植物和微生物的种群，它们彼此相互作用，组成一个具有一定结构、功能、有内在联系的生物集合体。

在一定空间内，生物群落与周围环境组成的自然体称为生态系统。或者说，生态系统就是生物与周围非生物环境共同组成的物质系统，是生物系统和环境系统在特定空间的组合。在生态系统内，生物与环境之间的联系是通过什么方式来实现的呢？研究结果表明，它是通过能量流动、物质循环和信息联系的方式来实现的。一片森林、一块草地、一条河流、一个湖泊都可以叫作生态系统。除了天然的生态系统外，还有人工的生态系统，例如水库、运河、城市、农田。小的生态系统组成大的生态系统，简单的生态系统构成复杂的生态系统。形形色色、丰富多彩的生态系统合成为生物圈（也称为生态圈），所以，生物圈本身就是一个无比巨大而又精密的生态系统。

当今人类在发展中面临着人口膨胀、粮食紧张、能源与资源紧缺以及环境污染等严重社会问题。这些问题的解决均有赖于对生态系统的结构、功能和生态系统的多样性、稳定性及其对干扰的忍受能力和恢复能力的研究。

三、生态系统的组成

生态系统是由生物和非生物环境两大部分组成。

（一）生物部分

生态系统中的生物部分是指系统内的有生命物质，即生物群落。它包括生产者、消费者和分解者三种组成成分。

1. 生产者（Producers）

生态系统的生产者主要是指绿色植物，其次是指光能合成细菌和化学能合成细菌。生产者又称为自养生物。

含有叶绿素的绿色植物，利用太阳能，通过光合作用把二氧化碳（CO_2）和水（H_2O）转变为有机物质[①]。在这一过程中向大气释放出氧气（O_2）。生成的有机物质是葡萄糖（$C_6H_{12}O_6$）一类的碳水化合物，而葡萄糖随后转变为其他蛋白质或者纤维素一类的有机物质。下面的方程式概括了光合作用的复杂反应（含有 100 多步生化反应）：

$$6CO_2 + 6H_2O + 光能 \longrightarrow C_6H_{12}O_6 + 6O_2$$

光能合成细菌和化学能合成细菌也能把无机物合成为有机物。如硝化细菌能将 NH_3 氧化为 HNO_2 和 HNO_3，并利用氧化过程中释放的能量，把 CO_2、H_2O 合成为有机物，其过程与光合作用类似。

2. 消费者（Consumers）

生态系统的消费者是指直接或间接利用绿色植物所制造的有机物质作为食物和能量来源的他养生物。包括各种草食动物、肉食动物以及某些腐生或寄生的菌类。它们无法固定太

---

① 有机物质的组成包括碳水化合物、脂肪及蛋白质三部分。碳水化合物 $C_n(H_2O)_n$ 由 C、H、O 三种元素构成，如葡萄糖 $C_6H_{12}O_6$；脂肪为不含 N 元素的有机化合物；蛋白质由多种氨基酸分子组成，主要元素有 C（占 15%）、O（占 23%）、N（占 16%）、H（占 7%）以及 S、P 等元素（占 1%）。

阳能，只能直接或间接从绿色植物中获取富集了能量的化学物质，然后通过"呼吸作用"把能量从这些化学物质中释放出来。

生物的呼吸作用大致与光合作用过程相反，它包含了 70 多步生化反应，其复杂反应可用反应式概括表达为：

$$C_6H_{12}O_6 + 6O_2 \longrightarrow ATP + 6CO_2 + 6H_2O + 热量$$

反应式中 ATP 为生成物中的三磷酸腺苷，其中苷是生物体中储存的一种有机化合物。ATP 是生物化学反应中通用的能量，可储存以供需要，也可以构成和补充细胞的结构及功能。

消费者通常分为若干等级，一级消费者为草食动物，二级消费者为一般肉食动物，三级消费者为大型肉食动物，四级消费者为顶级肉食动物。消费者等级的划分是相对的，例如，狐狸是肉食动物，一般属二级或三级消费者，但它饿了也要吃一些植物。所以，消费者之间没有严格的等级界限，许多杂食性动物，既是一级消费者，又是二级消费者或三级消费者。因此，在生态系统中，生物之间的取食关系复杂，一种植物可以同时被几种动物所吃，即使同一种动物也不只吃一种食物，从而构成了复杂的食物链和食物网。

3. 分解者（Decomposers）

生态系统的分解者是指各种具有分解能力的微生物，也包括一些微型动物，如鞭毛虫、土壤线虫等。

分解者多为他养生物，它们把酶（一种具有蛋白质性质的生物催化剂）分泌到动物尸体和植物残体的表面或内部，把复杂的有机物分解为简单的无机物（如 CO_2、H_2O、H_2S 等），然后重新供生产者吸收利用，从而构成生态系统中营养物质的循环。可见，分解者在生态系统中起着十分重要的作用。没有这一过程，无数动物尸体和植物残体将堆满地球，生命活动也将停止。

（二）非生物部分

生态系统中的非生物部分是指生物周围的环境，属于无机环境或称非生物环境，它是生态系统中生物赖以生存的物质和能量的源泉及活动场所，它由五大环境要素，即阳光、空气、水、土壤和矿物质所构成。若按作用分，可分为以下三部分：

（1）原料部分，主要是阳光、O_2、CO_2、H_2O、无机盐及非生命的有机物质。

（2）媒质（即生物代谢的媒介物质）部分，指水、土壤、空气等。

（3）基质部分，指岩石、砂、泥。

生态系统在自然界中有大有小，多种多样，如一个池塘、一个湖泊、一片森林或草原，均可构成一个生态系统。地球上最大的生态系统是生物圈。生物圈是指有正常生命存在的地球部分，其范围如绪论中所述。在生物圈内包含无数个小的生态系统，每个小的生态系统均是自然界的基本活动单元。

例如，在池塘生态系统中，其中的一些水生高等植物和许多单细胞或多细胞的藻类（浮游植物），能进行光合作用制造有机物，是这个生态系统中的生产者；其中的许多幼虫和浮游动物，它们以单细胞的藻类为食，是一级消费者；小鱼以一级消费者为饵料，是二级消费者；池塘中的一些大鱼，以小鱼为食，是三级消费者；在池水和底泥中的一些微生物，能把池塘中的动物尸体和植物残体分解成简单的无机化合物，是这个生态系统的分解者；池塘中的水、底泥及其中的各种无机物和有机物、水面的大气、水中的溶解氧、阳光等各种自然因素，又是这个生态系统的无生命物质（即非生物环境）。这就构成了一个完整的生态系统，成为自然界的一个基本单元。

第二节　生态系统中的能量流动

在上述生态系统的组成成分中，生物部分的生产者、消费者和分解者是依据生物在生态系统中的功能作用划分的。它们在生态系统中通过物质循环、能量流动和信息联系这些基本功能彼此联系在一起，使生态系统成为一个功能单位。能量是一切生命活动的基础，也是生态系统的动力，没有能量的流动和转化，生态系统就不复存在。

一、生态系统的能量源泉

地球上所有生态系统的最初能量来源于太阳。太阳的能量来自其中的热核聚变过程。在这一过程中，质量按爱因斯坦关系式（Einstein's Relation）$E = mc^2$ 转变成能量（式中 m 为质量，c 为光速）。氢原子在一系列反应中聚变为氦并以电磁波形式向空间释放出能量。

地球外层空间每单位面积上（与太阳光垂直）、单位时间内所获得的太阳能称为太阳光通量 f（Solar Flux），其数值大约为

$$f = 8.12 \ \text{J/} (\text{cm}^2 \cdot \text{min})$$

上述光通量值约等于太阳每秒向地球表面照射 3.81×10^{26} J 的热量，它相当于每秒燃烧 115 亿 t 煤所发出的热量。由于和地球大气层的相互作用，这些能量不能全部到达地球表面，实际上到达地球上的能量仅约 50%，约 30% 的能量重新反射回宇宙空间，20% 的能量被大气层吸收，如图 2.1 所示。而真正能被绿色植物利用的只占辐射到地面的太阳能的 1% 左右。

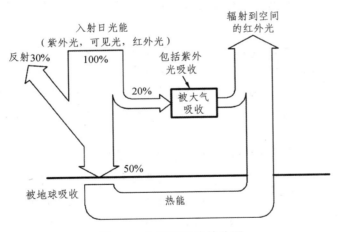

图 2.1　太阳辐射能的分配

二、生态系统的能量流动方式

生态系统中，各种生物都是通过食物链关系联系在一起的。生态系统中的能量流动开始于光合作用，然后通过生物食物链和食物网的方式进行。能量流动方式是太阳能穿过大气层把辐射能量提供给生物，生态系统中的生产者即含有叶绿素的植物，利用太阳能通过光合作用制造有机物质，从而使光能转化为化学能并储存在植物体内；然后这些有机物质被动物采

食，即能量从植物体转移到了食草动物体（一级消费者），食草动物又会被食肉动物（二级消费者、三级消费者）所吃，能量便流入到食肉动物体内；最后，动植物的残体被生态系统中的分解者（各种微生物）所分解，复杂的有机物被分解成简单的无机化合物（如 CO_2，H_2O 或 H_2S 等），最终将能量释放到环境中。因此，生态系统中的能量流动路径就是：太阳→生产者→消费者→分解者，从一个营养级传递到另一个营养级，逐渐向前移动，并在向前移动过程中，生物体均需通过呼吸作用将部分能量以热量形式释放到环境中，如图 2.2 所示。

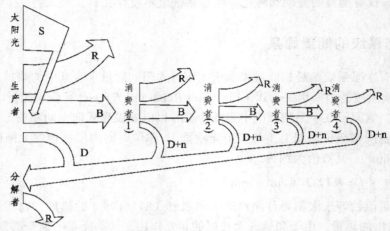

S—太阳能；R—呼吸消耗能；B—现存生物量；D—凋落物及死亡有机体；D+n—粪便及死亡有机体。

图 2.2　生态系统中能量的流动方式

需要指出，上述生态系统中的能量流动和转换与物理系统一样，也服从热力学的第一、第二定律。

热力学第一定律说明在任何自然变化过程中能量守恒。其意思是，自然界发生的所有现象（包括物理、化学及生物方面）中，能量既不能消失，也不能凭空增加，只能由一种形式转变为另一种形式，即能量是守恒的。生态系统中的能量转化也是如此，绿色植物可将光能转化为化学能，当动物采食植物后，又将化学能转化为热能或其他形式的能，但系统中的总能量并不改变。

热力学第二定律反映了自然界能量流动是单向流动过程，且表明了其流动方向和条件。该定律指出，能量总是沿着从集中到分散、从高能量到低能量的方向传递，在传递过程中又总会有一部分成为无用的能量被释放掉（即能量转化效率不可能是百分之百）。在生态系统中，能量流动是通过食物链营养级向前传递，最后以做功或散热的形式，或没被利用的形式逸散到环境中。

三、生态系统的能量流动特点

前面已指出，生态系统的能量源泉来自太阳。对于生态系统的生产者（绿色植物）来说，在单位时间内经光合作用合成一定数量的有机物质称为总生产量，以能量单位焦耳（J）表示。研究结果表明：在自然条件下，从全部入射的太阳能到生产者合成的总生产量，其能量的固定效率（即对太阳能的利用率）一般为 1% 左右。研究结果还表明，生物圈中海洋生产者的

总生产量大约为 182.6×10^{16} J/a，陆地生产者的总生产量大约为 240.3×10^{16} J/a，二者相加得生物圈的总生产量约为 422.9×10^{16} J/a。

图 2.3 说明了生态系统中能量流动的特点。该图表示了美国南方某河流生态系统中能量流动的情况。从图中和其他研究成果表明，生态系统的能量流动一般具有以下五个特点：

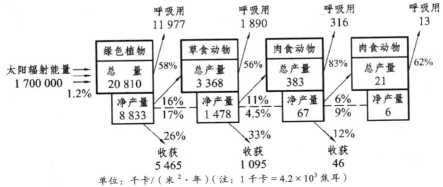

图 2.3　美国南方某河流生态系统中食物链能量流动示意图

（1）生产者即绿色植物对太阳能的利用率很低，一般为 1% 左右（图中例子为 1.2%）。

（2）生态系统的能量流动是单向流动，不是循环流动。

（3）流动中能量急剧减少，从一个营养级到另一个营养级都有大量能量以热的形式散失掉。

（4）在生态系统中，当其生产的能量与消耗的能量保持一定的相对平衡时，该生态系统的结构和功能才能保持动态平衡，如滥伐森林，使生态系统的生产量降低而造成生态失衡。

（5）在生态系统中，各级消费者之间能量的利用率不高，为 10% 左右。

上述能量流动的第五个特点是美国生态学家林德曼（R. L. Lindeman）研究后提出的，故称为林德曼法则或十分之一法则。该法则表明，在生态系统中，营养级每升高一级，净生产量大致只剩下前一生产水平的 1/10，约有 9/10 的能量通过各种途径，如不可利用的、未收获的、吃剩的、粪便、呼吸消耗等途径所消耗了。按照这个法则，说明生态效率很低，如一个人若是靠吃水产品来增加 1 kg 身体质量，就得吃 10 kg 鱼；10 kg 鱼需要 100 kg 浮游动物为食；100 kg 浮游动物要消耗 1 000 kg 浮游植物。也就是说要有 1 000 kg 浮游植物才能养活 10 kg 鱼，才能使人增加 1 kg 身体质量。上述林德曼法则也称林德曼生态效率，可用生态金字塔表示，如图 2.4 所示。

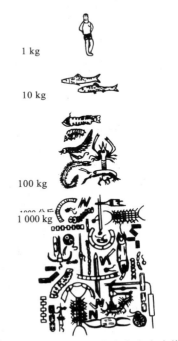

图 2.4　水域生态系统的生态金字塔

021

林德曼法则说明了为什么在生态系统中食物链的层次（或说营养级）一般不超过四级或至多五级，还说明了为什么人类以植物为食要比以动物为食经济有利得多。由此可见，保护和发展绿色植物对人类的生存和发展是多么重要。

第三节　生态系统中的物质循环

在生态系统中，生物的生存需要能量，而能量的提供需要靠各种物质。各种生物维持生命所必需的化学元素虽然为数众多，但生物体全部原生质中约有97%以上是由C、H、O、N和P五种常量元素组成，此外还有S、K、Ca、Mg、Cu、I等微量元素。

一、物质循环的含义

在生态系统的各个组成部分之间，不断地进行着物质循环。最初以矿物形式被植物体吸收，结合到植物细胞内形成有机物的形式，再被食草动物吸收，建造自己的身体。动植物残体经微生物分解，又成为矿物质释放到环境中，重新被植物吸收、利用。物质就是这样从非生物环境进入生物体，再返回到环境，反复地进行流动，这称为生态系统的物质循环或称生态系统的物质流。

生态系统的物质循环是伴随着能量流动进行的。但能量流动和物质循环之间有一个根本的区别：能量流动是单向性的、不可逆的过程，即消耗后变成热能而消散；而营养物质是不会消失的，可为植物重新利用。生态系统中的物质循环通常包括了生物、地质和化学体系在内的循环，故生态系统的物质循环又称为生物地球化学循环（biogeochemical cycles）。下面将分别讨论水、碳、氮和磷四种物质的循环。氧与氢结合成水、与碳合成二氧化碳，故氧的循环已包括在水和碳的循环中。

二、水循环

（一）水循环的意义

太阳能是物质循环的原动力，而水是物质循环的必要介质。水具有可溶性、可流动性和热容量大[①]等理化特性，因而水是地球上一切物质循环和生命活动的介质。没有水的循环，生物地球化学循环就不能进行，生命将无法维持，生态系统也就不复存在。各种物质借助水才能在生态系统中进行无休止地流动。到目前所知，地球是太阳系中唯一的生命之家，就因为这儿普遍存在水，其他星球则非如此。水经过整个生物圈循环，协助创造、连接并推动发生在陆地上、海洋中和空气中的种种进程。水调节这颗行星的温度，塑造陆地表面的形状，并维持着大量活着的生命体。正是这些生命体使人类得以诞生，现在又向人类提供食物。水是地球上的一种基本系统，它使得生命有可能在地球上存在。

---

① 水的热容量大即比热容大，是指在所有液体和固体物质中，水具有最大的比热容，即1g水比任何1g其他物质每升高或降低1℃时所吸收或放出的热量都多。

水循环与当今最难对付的许多环境问题，诸如森林滥伐、气候变化、沙漠化作用、土壤侵蚀、水体污染以及其他问题密切相关。

（二）地球上水的分布

地球堪称水的行星。地球表面 70% 以上均为水所覆盖，其中绝大部分为海洋咸水。地球上的水以液体（咸水、淡水）、固体（淡的）和水汽（淡的）状态存在，总的体积约 13.6 亿 km^3。地球上水的分布如图 2.5 所示。从图中可见，海洋咸水占地球总水量的 97% 还多，余下不足的 3% 是淡水。但淡水中有 3/4 以固态存于两极冰川中，因此，地球上只有余下不到 1% 的水才是人类能直接应用的液态淡水资源。尽管如此，淡水总量还是足够维持地球上所有形式生命的需要而有余。地球上的淡水由于永不停息地循环作用，不断地得到更新，从而使水成为地球上一种可再生资源。

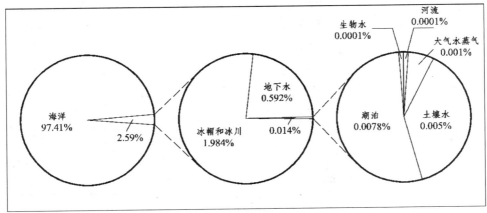

图 2.5　地球上水的分布

虽说地球上淡水资源能满足地球生命的需要，然而其时空分布不均匀，且水质受到日益严重的污染，已使世界上许多国家和地区包括我国北方一些地区感到水资源非常紧张。在国际环境与发展研究所（IIED）、世界资源研究所（WRI）合编的《1987 年的世界资源》报告中，我国被列为贫水国，如表 2.1 所示。从表中可见，我国人均水资源量只有 2 580 m^3，仅为世界人均资源量的 1/4 左右。

表 2.1　降水所形成的淡水年径流（1987）

国　　名		总　　量（km^3）	按面积平均（1 000 m^3/hm^2）	按人口平均（1 000 m^3/人）
富水国	冰　岛	170	16.96	685.48
	新西兰	397	14.78	117.53
	加拿大	2 901	3.15	111.74
	挪　威	405	13.16	97.40
	尼加拉瓜	175	14.74	49.97
	巴　西	5 190	6.14	36.69
	厄瓜多尔	314	11.34	31.64
	澳大利亚	343	0.45	21.30

国 名		总 量 （km³）	按面积平均 （1 000 m³/hm²）	按人口平均 （1 000 m³/人）
富水国	喀麦隆	208	4.43	19.93
	苏联	4 384	1.97	15.44
	印度尼西亚	2 530	13.97	14.67
	美国	2 478	2.70	10.23
贫水国	埃及	1.00	0.01	0.02
	沙特阿拉伯	2.20	0.01	0.18
	巴巴多斯	0.05	1.16	0.21
	新加坡	0.60	10.53	0.23
	肯尼亚	14.80	0.26	0.66
	荷兰	10.00	2.95	0.68
	波兰	49.40	1.62	1.31
	南非	50.00	0.41	1.47
	海地	11.00	3.99	1.59
	秘鲁	40.00	0.31	1.93
	印度	1 850.00	6.22	2.35
	中国	2 800.00	3.00	2.58

（三）生物圈中水的循环

太阳能是水循环的动力，大约有 1/4 的太阳辐射能参与驱动水的循环。全球水循环过程如图 2.6 所示。在太阳能辐射下，地球表面的水分被蒸发而进入大气。可见，水循环最重要的环境因素是蒸发。

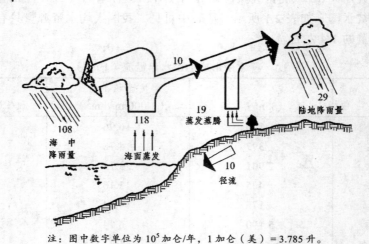

注：图中数字单位为 10^5 加仑/年，1 加仑（美）= 3.785 升。

图 2.6 水循环

蒸发作用不仅发生在任何水面与陆地表面，而且植物通过叶面的蒸腾作用（指水分经由植物的蒸发）也向大气中释放大量的水分。资料表明，植物每生产干物质 1 kg，平均要蒸发掉 1 kg 的水。可见，植物的蒸腾作用释放的水量相当可观。进入大气中的水最终通过降雨又回到地球表面，但不一定回到原来水分蒸发的地方。从全球来看，从海洋蒸发的水量大于因降雨又回到海洋的水量；而陆地上的情况恰恰相反，降到陆地的水量大于从陆地蒸发的水量，因此陆地的水一部分流经河川重返海洋，一部分渗入地下，除被植物部分吸收外，其余成为地下水，最后也经缓慢流动回到海洋中。

由于水是最好的溶剂，其他物质的循环都结合水循环进行。水循环和矿物元素的生物地球化学循环密切地结合在一起，对水循环的任何干预、破坏，都会影响到其他循环，甚至造成其他循环的局部瓦解。所以，维护水循环的进程及其整体性是环境保护的一个重要方面。

三、碳循环

碳是一切有机物的基本成分。所有生物体的碳元素来源于 CO_2，它存在于空气中，或溶解于水中以碳酸盐的形式存在。

生态系统中的碳循环实际上与光合作用及能量流动的过程相类似。绿色植物（即生态系统的生产者）通过光合作用吸收空气中的 CO_2 制成葡萄糖（$C_6H_{12}O_6$）等有机物质而释放出氧气（O_2），供动物（消费者）使用。同时，植物和动物又通过呼吸作用而放出 CO_2 重返空气中。此外，动植物死亡后的残体经微生物（分解者）的分解，最后也氧化变成 CO_2、H_2O 和其他无机盐类。矿物燃料如煤、石油、天然气等也是地质史上生物遗体所形成的，当它们被人类燃烧时，耗去空气中的 O_2 而放出 CO_2。最后，空气中的 CO_2 有很大一部分为海水所吸收，逐渐转变为碳酸盐沉积海底，形成新的岩石，或通过水生物的贝壳和骨骼转移到陆地上。这些碳酸盐又从空气中吸收 CO_2 成为碳酸氢盐而溶于水，最后也归入海洋。其他如火山爆发和森林大火等自然现象也会使碳元素变成 CO_2 回到大气中。生态圈中碳的循环状况如图 2.7 所示。

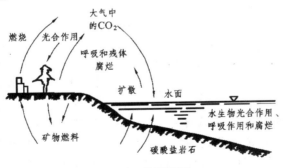

图 2.7　碳循环图

研究结果表明：大气中 CO_2 含量的变化会对气候变化产生严重影响。大气中的 CO_2 像温室的玻璃顶一样，允许可见光和红外线透过而阻碍紫外线穿过。但在可见光和红外线到达地面后又反射回大气层时，CO_2 和水蒸气却像温室顶的玻璃一样，阻碍了热的再扩散，像温室能提高室内温度一样，整个大气温度因此提高。因此，CO_2 起着"温室效应"的作用。温室效应引起全球气候变暖，可能使海平面升高，使居住在沿海地区的亿万人口受到威胁。

四、氮循环

作为生物的营养物质，氮（N）是最基本的元素之一，它是蛋白质的主要成分。

氮气（N_2）是不活泼的、无色无味的气体。大气中含有丰富的氮，其体积占空气的78%左右。大气中的氮不能为植物直接利用，必须转化为氨（NH_3）和硝酸盐（NO_3^-）的形式才能被植物吸收。大气中的氮和其他分子结合成各种化合物的过程叫固氮作用。自然界主要有三种固氮过程，即生物固氮（通过豆科植物、某些细菌和蓝、绿藻类的固氮作用）、高能固氮（闪电、火山活动固氮）、工业固氮（化肥生产）。

生态圈中氮的循环过程如图2.8所示。在氮的循环过程中，首先大气中的氮（N_2）经过固氮作用合成为硝酸盐，然后被植物吸收用以合成蛋白质。动物及人采食植物后，氮便进入动物及人体。食物链成员的动植物残体及排泄物在细菌和真菌（即分解者）的作用下又可以转变成氨（NH_3）。释放出的氨由亚硝化细菌作用转变为亚硝酸盐，再由硝化细菌氧化为硝酸盐，然后再重新被植物吸收。当反硝化细菌把硝酸盐转变为分子氮（N_2）时，氮又重新回到大气中。

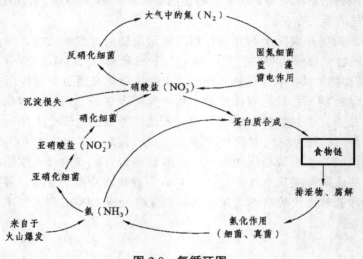

图 2.8　氮循环图

从上述可知，生态圈中氮循环有两个主要过程，即硝化作用和反硝化作用过程。硝化作用使植物可用的氮（硝酸盐）增加，而反硝化作用又将硝酸盐回复到原来的气态氮（N_2）释放回大气中。

人类经济活动对于氮循环的影响有两方面：一是以各种氮氧化物（NO_x）大量输入大气中，造成了空气污染。各种氮氧化物的主要来源是汽车废气和工厂燃烧矿物燃料后排出的大量废气。二是向环境输入大量的硝酸盐，如家庭的生活污物、农业肥料、畜牧业粪便及屠宰废水等均含有大量的硝酸盐物质。输入过多的氮，与磷一起使水体出现富营养化过程，污染了水体，对生态系统造成破坏。

五、磷循环

磷（P）是维持生命所必需的另一重要元素。磷是生物有机体蛋白质的基本成分之一，在生态系统中,它参与能量的累积和流动。磷的主要来源是磷酸盐(PO_4^{3-}和HPO_4^{2-})矿、鸟粪和动物化石的天然磷酸盐矿床。生态圈中磷的循环过程如图 2.9 所示。

图 2.9　磷循环图

在磷的循环中,首先是磷酸盐矿通过风化侵蚀和人工开采,然后磷进入水体或食物链中,经过一个短期循环后最终大部分沉入深海而结束这一循环,直到发生地质活动才又提升上来。人工开采磷矿制作化学肥料(磷肥)供农业使用,最后大部分也是被冲刷到海洋中,只有一小部分通过浅海的鱼类和鸟类又返回到陆地上。

可见,磷的循环是异乎寻常的,在大多数情况下,磷在生态圈中只有小部分进行生物地球化学循环,而大部分是一个单向流失过程,以致成为一种不可更新的资源。目前,人类正在大量开发和利用磷酸盐矿制作化肥和洗涤剂,当这些磷参与环境中的物质循环时,就会造成水体中含磷量增高,使水生植物生长过盛,导致水体的富营养化(如近海中出现的赤潮、河流湖泊中的蓝藻泛滥等现象)。因此,对磷矿资源的开发、利用应予以慎重和珍惜,一旦耗尽这种维持生命所必不可少的宝贵资源,其后果将是灾难性的。

第四节　生态系统中的信息联系

生态系统的功能除体现在能量流动和物质循环等方面外,还表现在系统中各生物成分之间存在着信息联系(或信息传递),习惯上称为信息流(Information Flow)。由于生态系统中存在着各种形式的信息,这些信息把生态系统联系成为一个有机的整体。从信息联系或传递的角度看,生态系统中的各种信息主要可分为物理信息和化学信息两大类。

一、物理信息

光、声音(如鸟鸣、兽吼)、颜色等构成了生态系统的物理信息。动物的求偶、恐吓、报警行为等都与物理信息有关。物理信息中包括了生物的行为信息。例如,鸟类在繁殖季节时,常伴有鲜艳色彩的羽毛或其他的奇特装饰以及美妙动人的鸣叫等,各种"特长"都在求偶时尽情显露。雄性孔雀开屏的表演能促使雌性孔雀主动接近它,并摆出接受爱抚的某种姿态,促使两者结为伴侣。又例如,昆虫可以根据花的颜色判断食物(花蜜)的有无。鱼类在水中把光作为食物的信息。

二、化学信息

生物代谢活动中分泌的一些物质,如维生素、生长素、抗菌素和性激素等均属传递信息的化学物质。这类物质数量甚微，但分泌在生态系统中，就会作为信息传递，使生物的种群间、种群内发生联系或变化，有的相互克制，有的相互吸引。如许多昆虫释放性激素作为性引诱的联系，大多数是雌虫释放，引诱雄虫。昆虫对性信息的感受器主要位于触角上。又如黄鼬（黄鼠狼）有一种嗅腺，释放出来的臭液气味难闻，它既有防止敌害追捕的作用，也有助于获取食物。蚂蚁可以通过自己的分泌物留下化学痕迹，以便后者跟随。再如，烟草中的尼古丁和其他植物碱可使烟草上的蚜虫麻痹；胡桃树的叶表面可产生一种生长素物质，被雨水冲洗落到土壤中，可抑制土壤中其他灌木和草本植物的生长，而对自身生长有利。这些都是生物为了自我保护而向其他生物所发出的化学信息。

尽管生态系统信息流的研究因科学水平所限还存在许多困难，但生物间的这种信息联系的作用对生态系统的调节和影响是十分明显的，特别是化学信息物质的作用更为重要。例如，狼是用尿标记活动路线的动物，它们常用树桩、树木等作为"气味站"，在开阔地带，任何一突起物都可以被狼选择为标记对象。有时一群狼依次排尿于同一标记处。在冬季，这种标记站常形成相当大的冰坨。人们可以通过对冰坨的分析获得狼群大小和数量的信息。

第五节　生态平衡

一、生态平衡的含义

在一定时期内，生态系统中的生产者、消费者和分解者之间，不断地进行能量流动、物质循环和信息联系，并保持一种动态的平衡，这便是生态系统的动态平衡，简称为生态平衡。

任何一个正常的生态系统都不是静止不变的系统，而是一个不断变化、不断发展的系统。这是因为其能量流动、物质循环和信息联系总是不停地进行。此外，由于人类经济活动的发展，也强烈地干预着自然的进程，改变着自然的面貌。

生态系统为什么能保持动态平衡呢？这主要是由于生态系统内部具有一定限度的自动调节能力。如河流生态系统对于废水的污染便具有一定的河流自净能力，即环境自净能力。生态系统的组成成分越多样，能量流动和物质循环的途径越复杂，其调节能力也越强。相反，成分越单纯，结构越简单，其调节能力也越小。基于这种生态学原理，1992 年 6 月 12 日的"联合国环境与发展大会"上通过了"生物多样性公约（Convention on Bio-Diversity）"，号召全人类注意保护生物多样性，以便保护全球生态系统（保护生物多样性对人类本身还有其他重大作用）。

一个生态系统的调节能力再强，也是有一定限度的，超出了这个限度，调节就不再起作用，生态平衡就会遭到破坏。

为什么人类要关注生态平衡呢？这是因为，如果人类的生产活动使自然环境剧烈变化，或进入自然生态系统中的有害物质数量过大，超过自然生态系统的调节功能或生物与人类可以忍受的程度，那就会造成生态系统破坏，失去生态平衡，最终使人类自身和生物受到损害。例如，在第二次世界大战期间，瑞典学者目拉由于发明了 DDT（滴滴涕）而获得诺贝尔奖，为当时的农业和卫生保健事业做出了重大贡献。然而，仅一代人的时间，DDT 就已成为大多数国家的禁用品。原因何在？由于 DDT 完全是人为强加于自然生态系统的外来输入品，大量地施用，造成了大气、水体、土壤以致生物的严重污染。通过食物链的富集作用，生物组织内的 DDT 含量很高，往往成万倍、百万倍地富集。DDT 是致癌物质，给人体健康造成了威胁。DDT 和其他杀虫剂一样，通过空气、水和生物等多种途径已经传播到地球的各个角落。虽然有 75% 的陆地从未施用过 DDT，但现在人们已在北极圈人烟稀少的格陵兰岛测出了 DDT，而且在远离施药地区的南极洲动物体内也发现了 DDT。仅几十年的时间，DDT 对全球生态系统造成的如此深远的影响，是发明者和当时的人们所没有预料到的。一个生态系统受到的干扰和破坏，超过了它本身自动调节的能力，就会导致该系统生物种类和数量的减少、生物量下降、生产力衰退、生态结构和功能失调、物质循环和能量交换受到阻碍，最终导致该系统平衡的破坏。因此，生态平衡问题不仅涉及各种生物体内部、生物群体之间以及生物群体与环境之间的关系，而且关系到人类经济生活和社会活动的许多方面。这也就是为什么人类对生态平衡问题如此关注的原因。

二、生态系统的调节能力

上述已提到，一个正常的生态系统均具有一定限度的自动调节能力。究竟生态系统的调节能力的含义是什么呢？它是指当生态系统的生产者、消费者和分解者在不断进行能量流动、物质循环和信息联系过程中，受到自然因素或人类活动的影响时，系统具有保护其自身相对稳定的能力。也就是说，当系统内一部分出现了问题或发生机能异常时，能够通过其余部分的调节而得到解决或恢复正常。结构复杂的生态系统能比较容易地保持稳定；结构简单的生态系统，其内部的这种调节能力就较差。

研究结果表明：如果没有外来因素（人为的或天然的）的干扰，自然生态系统最终必将达到成熟的稳定阶段。那时，生物的种类最多，种群比例最适宜，总生物量最大，系统的相对稳定能力最强。

三、建立生态系统的最佳平衡

生态平衡是一种客观存在，其发展过程的某些地方可能与人类的生存发展相矛盾。对于那些对人类有害无利的自然生态系统，如盐渍化生态系统、自然疫源地生态系统、地球化学异常导致地方病的生态系统，就需要加以改造。人们不能消极地维护生态系统的旧面貌，坐等大自然的恩赐，应该努力利用生态系统及其平衡的规律，即利用生态学的原理与思想，去规划我们的经济活动，进而去创造具有更高生物生产力的新的生态系统。

生态学的中心思想是从整体和全局出发考虑对自然环境的影响，使生态系统建立起更佳的动态平衡。所谓整体和全局的概念，就是不仅要考虑现在，还要考虑将来；不仅要考虑本地区，还要考虑有关的其他地区。换句话说，就是要在时间和空间上全面考虑，统筹兼顾。按照生态学原则，人们对生态系统采取任何一项措施时，该措施的性质和强度不应超过生态系统的忍耐极限或环境容量，否则就会招致生态平衡的失调和破坏，造成严重不良的环境后果。

第六节　城市生态系统

城市是人类创造的社会环境，是社会生产力发展到一定阶段的产物，是人类创造出来的人工生态系统。

一、城市生态系统的组成

城市生态系统是一个以人类生活和生产活动为中心的，由居民和城市环境组成的自然、社会、经济复合生态系统。可见，城市生态系统主要是由自然生态子系统和社会经济生态子系统所组成。

自然生态子系统中包括生物部分（植物、动物、微生物）和非生物部分（能源、生活和生产所需的各种物质）。社会经济生态子系统中也包括生物部分（主要是人）和非生物部分（工业技术和技术构筑物等）。城市复合生态系统（城市人工生态系统）的组成如图 2.10 所示。

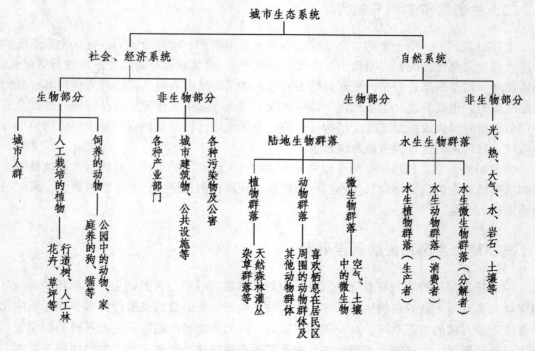

图 2.10　城市生态系统的组成

二、城市生态系统的功能简介

城市生态系统除了和自然生态系统一样也具有能量流、物质流和信息流三项基本功能外，还具有人口流和价值流的功能。

1. 城市生态系统的物质流

在城市生态系统中，物质运动同样遵守质量守恒定律。城市生态系统的物质流方式表现在城市与城市外区域的大量工业原料和农副产品的输入，还表现在工业产品与废弃物的输出上。

2. 城市生态系统的能量流

为了推动城市生态系统的物质流动，必须从外部不断地输入能量，如煤、石油、电力、水以及食物（生物燃料）等，并通过加工、储存、传输、使用等环节，使能量在城市生态系统中进行流动。

一般来说，城市的能量流动是随着物质流而流动的，一部分逐渐转化储存于产品中，另一部分变成热能、声能、磁能或辐射能等形式耗散于环境中，成为城市的污染源。

3. 城市生态系统的信息流

在城市生态系统中，伴随着物质流、能量流，还产生和运行着大量的信息流。城市中的任何运动都传递和产生一定的信息。城市的信息包括自然信息（如水文、气候、地质、生物、环境等信息）和社会经济信息（如人口、科教、人才、新技术、市场、金融、价格、贸易等信息）。

城市的信息流不仅传递信息，而且还"生产"[1]（加工）信息。现代城市的重要职能之一，就是将输入的分散、无序的信息，输出为经过加工的、集中的、有序的信息。各个部门要准确而果断地决策，都需要依靠大量的信息。

4. 城市生态系统的人口流

城市是人口集中的地方。城市人口流表现在城市人口流动在时间上和空间上的变化。城市人口流的时空变化往往是决定城市规模、性质、交通量以及生产、消费能力的主要依据。大城市既是人口密集之地，又是各种人才荟萃与培养之地，人才是使一个城市富有生机的主导因素。只有为所需人才与劳动力创造适宜生活、工作的生态环境，同时也为人才合理流动提供条件，才能发挥城市的凝聚力和生产力，使城市社会经济持续发展。

5. 城市生态系统的价值流

城市生态系统的价值流是物质流的表现，也是物质流以计量形式的体现。城市往往是一定地域的货币流通中心或财政金融中心，并通过价值规律合理流通来调节城市的社会经济功能和生态功能的正常进行。

三、城市生态系统的特点

城市生态系统是一个自然-社会-经济的复合人工生态系统，与自然生态系统相比，它有以下特点。

1. 城市生态系统的核心是人

城市最大的特点就是人多。城市生态系统的核心或主体是人，这与自然生态系统中以绿色植物为中心的情况截然不同。城市生态系统内部关系形成的生态金字塔呈现出倒置情况，如图2.11（b）所示。这种倒金字塔形式是不稳定的系统。在城市中，作为生产者的绿色植物很少，而作为顶级消费者——人类的数量很多，这种倒三角形的营养关系表明城市生态系统的维持完全依赖于城市以外的其他系统。

---

[1] 现代城市生产可分为四类：初级生产（即第一产业）、次级生产（即第二产业）、第三产业（流通服务业）、信息生产。

（a）自然生态系统

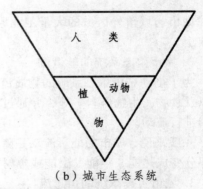

（b）城市生态系统

图 2.11　自然生态系统与城市生态系统的生态金字塔比较

城市除了人口密集，工业也集中。人类的生产和生活活动消耗了大量的能源和资源，伴随形成大量的废水、废气与废渣，并远远超出自然净化能力，城市地区就成了工业污染最严重的地方。

2. 城市生态系统的物质流与能量流是开放式的

城市生态系统的物质流与能量流具有数量巨大、密度高和周转快的特点。一方面，大量的能量和物质，需要从其他自然生态系统（如森林、矿山、农业等系统）人为地输入。另一方面，大量的产品和废物需要处理或向其他自然生态系统输出。这种输入和输出，会对周围其他生态系统产生很大影响。

3. 城市生态系统的自我调节能力小

在城市生态系统中，以人为主体的食物链常常只有两级或三级（即植物—人，或植物—食草动物—人），而且作为生产者的植物，绝大多数都是来自周围其他生态系统。城市生态系统的能量流动和物质循环都要依赖城市周围的生态系统，一旦在能流与物流的某些环节出现问题，就会引起诸如交通阻塞、住房紧张、环境污染等失调现象，使城市陷入"生态危机"。城市生态系统的自我调节能力小，尤其表现在自然生态子系统上。其系统的平衡或稳定性主要取决于社会经济生态子系统的调控能力和水平。解决城市"生态危机"的途径，是要运用生态学规律，对城市实行环境综合整治。

四、城市生态系统的调控原则

城市生态系统是一个结构复杂的开放的人工生态系统，其中包括各个行业、部门组成的数量众多的子系统，这些子系统之间存在着错综复杂的非线性关系。从生态控制原理看，这样的生态系统只有在其整体高度有序化之时，才能趋近达到动态平衡状态。

如何使城市生态系统从无序到有序，达到生态平衡状态呢？按照生态学理论，必须通过对城市生态系统的基本功能即物质流、能量流、信息流、人口流和价值流作适当调控，以使城市生态系统达到高度有序化，并保持这种高度有序的动态平衡状况。调控城市生态系统各种功能（即生态流）时应遵循以下原则。

1. 循环再生原则

自然生态系统中物质循环这一基本功能，也是一个重要的再生法则。它要求把城市乃至人类社会放进一个更大的系统范围中作为大循环的一部分来考虑。在组织生产过程中，不是从一个或几个产品来考虑，而是作为一个生产网来认识。这个厂的产品是下一个厂的原料，而另一厂的副产品（或排出的所谓废弃物）正是这个厂的原料。这样，全系统内部无因无果，无始无终，当然也就没有废弃物。

从实行可持续发展战略角度看，必须推行"清洁生产"，经济发展中要节约资源。生物圈中的物质是有限的，原料、产品和废物的多重利用和循环再生是生态系统长期生存并不断发展的基本原则。

2. 协调共生原则

共生导致有序，这又是生态学中的另一个重要原则。共生是指系统内的子系统或个体之间合作共存、互惠互利的现象。根据共生原则来协调生产，便可以节约能源、资源和运输，使系统获得更高的效益。城市生态系统若遵循共生原则，城市才具有聚集和放大生产力的效果。最近，在我国新组建了许多大的生产集团，便是实现协调共生的实例。在城市生态系统中只有保证主导工业和配套工业与服务行业的合理比例，通过合理的组织管理，使各自都能发挥更大效益，才能保证城市经济持续发展。

3. 持续自生原则

城市生态系统整体功能的发挥是建立在其子系统功能得以充分发挥的基础上。子系统的自我调节和自我维持稳定机制，表现在当子系统处于生态阈值范围内时，各自尽可能抓住一切可以利用的力量和能量，为系统的整体功能服务，而不是局部组织结构的增大。城市生态系统若遵循自生原则，各子系统的功能便能充分发挥并相互协作。这样，整个城市生态系统才能形成具有一定功能的自组织结构，达到良性循环状态。

总之，城市生态系统调控中只要遵循上述生态学原则，城市整体便可达到并保持高度有序的动态平衡。

思　考　题

1. 试述生物群落与生态系统的区别。

2. 在生态系统内，生物群落与环境之间是通过什么方式来联系的？

3. 何谓林德曼法则？

4. 假定某块土地所产的农作物可供 100 个农民食用，现在农民吃掉地里的一半农作物，另一半用来养牛，然后农民吃牛肉，那么这块地可供养多少个农民？

5. 何谓生态金字塔？试举例说明。

6. 何谓生物地球化学循环？其原动力是什么？

7. 试用热力学第一定律和第二定律来说明生态系统中能量流动的特点。

8. 何谓生态平衡？人类如何去建立生态系统的最佳平衡？

9. 试述城市生态系统和自然生态系统在组成上的异同。

10. 试述城市生态系统和自然生态系统在基本功能上的异同。

11. 人类若作为自然生态系统中的二级消费者（占 50%）和三级消费者（占 50%），试按林德曼生态法则计算地球生态系统（生物圈）能养活多少人［人类生存平均所需能量按 10^4 kJ/（天·人）计算］。

第二章　导学、例题及答案

第三章　水体污染控制

水是人类赖以生存的最基本的物质基础，是一切生物的主体，它在调节全球气候、运输物质等方面起着重要的作用。然而，随着人口的增加和经济活动的加剧，用水量日益增加，其结果是造成的废水量也相应增多。未经妥善处理的废水一旦排入水体就会导致水污染，而水体污染是破坏水资源、造成水资源危机的重要原因之一。

本章将着重讨论水体污染的来源及水体污染控制的理论与方法。

第一节　水体污染及其分类

一、天然水体的水质

（一）水体的含义

水体一般是指地球的地面水与地下水的总称，地面水如河水、湖水、海洋水等。在环境科学中，水体的概念则是指地球上的水及水中的悬浮物、溶解物质、底泥和水生生物等完整的生态系统，而水只是水体中液体状的部分。

在环境污染研究中，区分"水"与"水体"的概念十分重要。例如，重金属污染物易于从水中转移到底泥中，水中重金属的含量一般都不高，若着眼于水，似乎未受到污染，但从水体看，可能受到较严重的污染，一旦降雨，河流水位上涨，底泥由于河水紊动被冲起，从而使水中的重金属含量骤然增加，使水质重新受到污染。

（二）天然水体的水质

水是自然界中最好的溶液，是生态系统中物质循环的必需介质。天然水在循环过程中不断地和周围的物质相接触，并且或多或少地溶解了一些物质，使天然水成为一种溶液，并且是成分极其复杂的溶液。因此，可以认为，自然界不存在由 H_2O 组成的"纯水"。不同来源的天然水由于自然背景不同，其水质状况也各异。天然水的水质是在特定的自然条件下形成的，它溶解了某些固体物质和气体，这些物质大多以分子态、离子态或胶体微粒状态存在于水中，它们组成了各种水体的天然水质。表 3.1 列出了天然水中含有的各种物质。

受到人类活动影响的水体，其水中所含的物质种类、数量、结构均会与天然水质有所不同。以天然水中所含的物质及物质浓度为背景值，可以判断人类活动对水体的影响程度，以便及时采取措施，保护水资源。

表 3.1　天然水中的物质

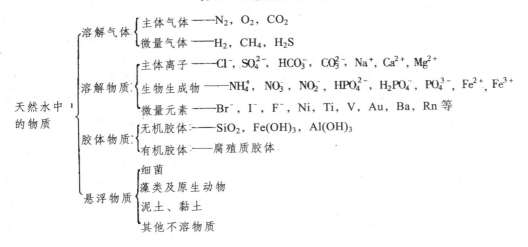

二、水体污染及其分类

（一）水体污染的概念

一切生态系统都是一个动态平衡体系。当自然界中的生态系统的原有平衡被干扰时，整个体系又会通过其内部的能量流动和物质循环建立起新的平衡，这种平衡过程实现了生态系统对其所含各种物质的自动调节能力，即环境的自净能力。水体也具有这种自净能力。当污染物质排入水体后，水体中的物质组成发生了变化，破坏了原有的物质平衡。同时，污染物质也参与水体中的物质转化和循环过程，通过一系列物理、化学、物理化学和生物化学反应，污染物质被分离或分解，水体基本上或完全恢复到原来的状态，使原有的生态平衡得到恢复，这个过程就是水体自净。但是，水体的自净能力是有限的。当进入水体的污染物质含量超过了水体的自净能力时，就会造成水质恶化，水体的正常功能遭到破坏，水体及其周围的生态平衡也遭到破坏，造成环境质量、资源质量、人群健康等方面的损失和威胁，同时也影响到人类的经济利益，这就是水体的污染或称水的污染。

研究水体污染主要研究水污染，同时也研究底泥和水生生物体污染。

（二）水体污染的分类

未经处理的工业废水、生活污水和农田排水中含有各种污染物质，如果任意排入水体，就会引起水体污染。根据污染物质的性质可将水体污染分为下列三类。

1. 化学性污染

（1）无机无毒物质污染。无机无毒物质是指排入水体的酸、碱和一些无机盐类。染料工业废水、造纸废水、制碱废水、炼油废水、制革废水等均为含酸或含碱废水，这些废水排入水体后会使水的 pH 值发生变化。pH 值过低或过高均能抑制或杀灭细菌和其他微生物的生长，使鱼类和其他水生生物无法成活，妨碍水体自净，破坏生态平衡。酸性污水还会腐蚀船舶和其他水下建筑物。另外，含有大量无机盐类的废水，如水泥工业废水、建筑施工废水等排入水体后，将提高水的硬度并降低水中的溶解氧，这对淡水生物会产生不良影响。

（2）无机有毒物质污染。污染水体的无机有毒物质分为金属和非金属两类。金属有毒物质主要为重金属（密度大于 $4\sim5\ g/cm^3$）。废水中的重金属主要是汞、铬、镉、铅、锌、镍、铜、钴、锰、钛、钒、钼、锑、铋等，特别是前几种重金属危害更大。重金属污染物最主要的特性是：不能被生物降解，有时还可能被生物转化为毒性更大的物质（如无机汞被转化成甲基汞），能被生物富集于体内，既危害生物，又能通过食物链危害人体。如 1953 年发生在日本的水俣事件，含甲基汞的水草被鱼吃掉后，人吃了中毒的鱼而生病或死亡。非金属毒物主要有砷、硒、氰、氟、硫（S^{2-}）、亚硝酸根离子（NO_2^-）等。需要指出的是，许多毒物元素往往是生物机体所必需的微量元素，只有当其含量超过水质标准时，才会致毒。

（3）有机有毒物质污染。常见的有机有毒物质有酚类化合物、有机农药、多环芳烃（PAH）、多氯联苯（PCB）、洗涤剂、芳香胺等。这些物质来自农田排水和焦化、石油化工、合成纤维、染料、制药、农药、塑料、橡胶等工业的废水。它们之中很多是自然界中本来没有，后经人工合成的物质，其化学性质很稳定，难以被微生物所分解。有些有机物质还具有致癌或致突变作用。如接触含多环芳烃较多的煤焦油和沥青作业的工人，可发生职业性癌症。致癌物有苯并（a）芘、苯并（a）蒽、蒽、二苯并（a，h）蒽、二苯并（a，h）芘等。

（4）需氧物质污染。需氧物质是指生活污水、工业有机废水（如屠宰废水、食品加工废水、造纸废水等）中所含有的大量碳水化合物、蛋白质、脂肪等有机物质。这些有机物质排入水体后，通过好氧微生物的生物化学作用而被分解为简单的无机物质（二氧化碳和水），在分解过程中需要消耗水中的大量溶解氧，造成溶解氧缺乏，从而影响水中鱼类和其他水生生物的生长。水中的溶解氧耗尽后，有机物质将进行厌氧分解而产生出大量的沼气（CH_4）、硫化氢（H_2S）、氨（NH_3）等难闻气体，使水质变黑发臭，造成环境质量进一步恶化。

（5）植物营养物质污染。植物营养物质主要是指氮、磷、钾、硫及其化合物。它们主要来源于农田排水、生活污水及由于雨、雪对大气的淋洗和对磷灰石、硝石、鸟粪层的冲刷水。过多的植物营养物质进入水体后，会使藻类等浮游植物及水草大量繁殖，我们称这种现象为水体的"富营养化"。富营养化对湖泊、水库、港湾等水域影响较大，对鱼类和人体健康的危害也相当严重。大量繁殖的藻类使鱼类的生活空间减少，有些藻类还含有毒性。藻类死亡腐败后又分解出大量营养物质，促使藻类进一步发展。如此恶性循环的结果使水体外观呈红色或其他色泽，通气不良，溶解氧含量下降，引起水质恶化，鱼类死亡，严重的还可导致水草丛生，湖泊退化。另外，硝酸盐超过一定量时有毒性，当亚硝酸盐进入人体后，有致畸、致癌的危险。

（6）油类物质污染。水体中油类物质主要来自石油运输、近海海底石油开采、油轮事故、工业含油废水的排放、油轮压舱洗舱以及铁路机务段废水的排放。由于密度较水小，油能在水面形成一层油膜，从而使大气与水面隔绝，破坏正常的复氧条件，导致水体缺氧，降低水体的自净能力。另外，油还能堵塞鱼的鳃部引起鱼窒息死亡，甚至还能使鸟类遭到危害。石油所含的多环芳烃，可通过食物链进入人体，对人体有致癌作用。

2. 物理性污染

（1）悬浮物质污染。悬浮物质是指水中含有的不溶性物质，包括固体物质和泡沫等。它们是由生活污水、垃圾和采矿、采石、建筑、食品、造纸工业等产生的废物泄入水中或农田的水土流失所引起。悬浮物质会影响水体透明度，妨碍水中植物的光合作用，减少氧气溶入，对水生生物不利。当含大量悬浮固体的污水灌溉农田时，会堵塞土壤孔隙，影响通风，不利禾苗生长。

（2）热污染。水体热污染主要来源于热电厂、核电站及各种工业（如电力、冶金、化工、机械等）过程中的冷却水。若将这些污水直接排入水体，可能引起水温升高，从而导致溶解氧含量降低，水中某些有毒物质、重金属离子毒性增加等现象，进而危及鱼类和其他水生生物生长。

（3）放射性污染。水中杂质所含有的放射性元素构成一种特殊的污染源，它们总称为放射性污染。放射性污染物可分为两类，一类是天然放射性物质，一般放射性都很微弱，对生物没有什么危害；另一类是人工放射性物质，主要来源于天然铀矿开采和选矿、精炼厂的废水，核试验、核工业排放的各种放射性废物，以及医学、工业、研究等领域所使用的电离辐射源和放射性同位素所排放的废水。其中，污染水体最危险的放射性物质有锶 – 90（^{90}sr）、铯 – 137（^{137}Cs）等，这些物质半衰期长，化学性能与组成人体的主要元素 Ca、K 相似，经水和食物进入人体后，能在一定部位积累，增强对人体的放射性辐照，可引起贫血、白血病、遗传变异或癌症。

3. 生物性污染

生活污水，特别是医院污水和某些工业（如生物制品、制革、酿造、屠宰等）废水污染水体后，往往可带入一些病原微生物，它们包括致病细菌、寄生虫和病毒。常见的致病细菌是肠道传染病菌，如伤寒、霍乱和细菌性痢疾等病菌，它们可通过人畜粪便的污染而进入水体，随水流动而传播。一些病毒（常见的有肠道病毒和肝炎病毒等）及某些寄生虫（如血吸虫、蛔虫等）也可以通过水流传播。这些病原微生物随水流迅速蔓延，给人类健康带来极大威胁。如 1971 年埃及的阿斯旺高坝竣工后，将血吸虫病区水引入新灌区，使新灌区血吸虫病由 0 上升到 80%，使埃及很多人患上血吸虫病；1987—1988 年发生在上海的爆发性甲型病毒肝炎，也与水体及水体生物污染有关。

第二节　污水的水质污染指标与水质标准

一、污水的水质污染指标

反映水体被污染的程度要用污水的水质污染指标来表示。所谓水质是指水和其中所含的杂质共同表现出来的物理、化学和生物学的综合特性。污水水质污染指标项目有上百种之多，它们可分为物理的、化学的和生物学的三大类。

物理性水质指标有温度、色度、臭和味、浑浊度、总固体、悬浮固体、溶解固体、电导率等。化学性水质指标有 pH 值、碱度、硬度、各种阳离子和阴离子、总含盐量、各种重金属、氰化物、多环芳烃、各种有机农药、溶解氧、化学需氧量、生物化学需氧量、总需氧量等。生物学水质指标有细菌总数、总大肠菌群数等。

下面介绍五项重要的污水水质污染指标。

（一）固体污染物指标

生活污水和大多数工业废水都为固体物质所污染。固体物质可分为悬浮固体（SS）和溶解固体（DS）两类。固体物质总量则称之为总固体（TS），或总固形物。

悬浮固体，也称悬浮物质或悬浮物，是衡量水体污染的基本污染指标之一。水体中的悬浮固体包括浮于水面的漂浮物质、悬浮于水中的悬浮物质和沉于水底的可沉物质。悬浮物的主要危害是造成管渠和抽水设备的淤积、堵塞和磨损，造成接纳水体的淤积和土壤空隙的堵塞，妨碍水生植物的光合作用并造成水生动物的呼吸困难，造成给水水源的浑浊，干扰污水处理和回收设备的工作等，同时悬浮污染物也是水体中病原菌的载体。

溶解固体中的胶体是造成废水浑浊和色度的主要原因。

（二）需氧污染物（污水有机物）指标

能通过生物化学或化学作用而消耗水中溶解氧的化学物质，统称为需氧污染物。无机的需氧物为数不多，主要有 Fe，Fe^{2+}，NH_4^+，NO_2^-，S^{2-}，SO_3^{2-}，CN^- 等。绝大多数需氧物是有机物，因而在特定情况下，需氧物即指有机物。

虽然绝大多数有机物为需氧物，但也有一小部分有机物是不需氧的。前者称为可生化有机物，后者称为非生化有机物。可生化有机物被微生物分解利用的难易程度不同，因而又分为难降解有机物和易降解有机物。

由于水中的有机物种类繁多，组成复杂，要想分别测定各种有机物的含量比较困难，一般采用间接测定方法，即测定一些综合性指标来反映水中有机物质的相对含量。又因这种污染物的污染特征主要是消耗水中的溶解氧，故在实际工作中一般都采用以氧当量表示水中需氧污染物含量的多少。目前，普遍使用和最具有重要意义的有机污染物质综合性指标是：化学需氧量、生物化学需氧量和总需氧量三种。现分别加以阐述。

1. 化学需氧量（COD，Chemical Oxygen Demand）

用强氧化剂——重铬酸钾（$K_2Cr_2O_7$），在酸性条件下能够将有机物氧化为 H_2O 和 CO_2，此时所测定出的耗氧量称为化学需氧量。COD 能够比较精确地表示有机污染物含量，而且测定需时较短，不受水质限制，故多作为工业废水的污染指标之一。此外，重铬酸钾还能够氧化一部分还原性无机物质，因此，COD 值也含有一定的误差。

用另一种氧化剂——高锰酸钾（$KMnO_4$），也能够将有机物加以氧化，但在一般条件下测出的耗氧量数值较低（在我国一般称为耗氧量，以 OC 表示，有时也称为高锰酸钾 COD，以 COD_{Mn} 表示，与此相对应，重铬酸钾 COD 则以 COD_{Cr} 表示）。

高锰酸钾法对有机物的氧化率较低，对于一般水样的氧化率为 50%，一般用于地表水、饮用水和生活污水等水样的 COD 分析；重铬酸钾的氧化能力强，对大多数有机物的氧化程度是理论值的 95% ~ 100%，适用于各类工业废水和生活污水的 COD 值测定，且准确度和精度均较高，使用更广泛。

2. 生物化学需氧量（生化需氧量 BOD，Biochemical Oxygen Demand）

生化需氧量指温度、时间都一定的条件下，好氧微生物在分解、氧化水中有机物的过程中所消耗的游离氧数量，其单位为 mg/L 或 kg/m^3。在环境保护和污水处理领域内，广泛使用 BOD 这一指标来表示水体及污水被有机物污染的程度。BOD 值越高，说明水中需氧有机物越多。

有机物质被好氧微生物氧化分解的过程如图 3.1 所示。从图中可以看出，微生物通过自身的生命活动——呼吸、合成等过程,把一部分被吸收的有机物氧化成简单的无机物(如 CO_2,H_2O 等),并释放出其生长、活动所需要的能量,而把另一部分有机物转化为生物体所必需的营养物,组成新的细胞物质。

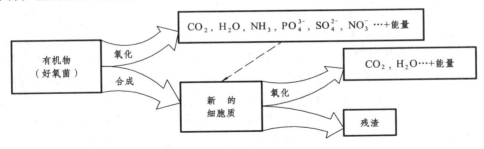

图 3.1 有机物好氧分解过程

有机物的生物氧化过程是一个缓慢的过程,其生物氧化历程如图 3.2 所示。众多实验结果表明:对于多数有机物质,其生化过程经过 5 d 能完成 70%～80%;经过 20 d 能完成 95%～99%。5 d 的生化需氧量用 BOD_5 表示,20 d 的生化需氧量用 BOD_{20} 表示,显然 $BOD_{20} > BOD_5$。现在各国一般都用 BOD_5 作为生化需氧量的水质指标。

各种有机废水的 BOD_{20} 或 BOD_5 值相差悬殊。但就同一种废水而言,两者有一个稳定的比值。例如,生活污水的 $BOD_5 : BOD_{20} \approx 0.7$。一般来说,对同一种废水,$COD_{Cr} > BOD_{20} > BOD_5 > COD_{Mn}$。

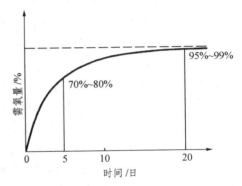

图 3.2 生物氧化历程

COD_{Cr} 几乎可以表示出水中绝大部分有机物及还原性无机物氧化所需的氧量,而 BOD 则反映了能被微生物氧化分解的有机物质氧化所需的氧量。因此,化学需氧量一般高于生化需氧量,它们之间的差值能够概略地表示不能被微生物所降解的有机物。由于 BOD 所需测定时间较长,而且有一些生产污水不具备微生物繁殖的条件,无法测定,因而在使用上受到一定限制,相比之下,COD 的测定就不存在这样的问题。另外,虽然 COD 值能够反映污水中有机物的含量,但不能像生化需氧量那样反映出可生物降解的有机物数量,故 COD 值不能代替 BOD 值。总之,COD 与 BOD 是两个相互独立,又相互补充的重要水质污染指标。

BOD_5 和 COD_{Cr} 的比值是衡量有机废水可否进行好氧生化处理的一项重要指标,比值越高,说明可生物降解的有机物含量越高,则用好氧生化处理的效果就越好。一般认为,同一废水的 $BOD_5 : COD_{Cr} > 0.3$,则该废水宜进行好氧生化处理,如果此比值小于 0.3,则说明该废水中不可被好氧生物分解的有机物质数量很多,需寻求其他途径进行处理。

3. 总需氧量(TOD,Total Oxygen Demand)

总需氧量是指水中的还原性物质,主要是有机物质在燃烧中变成稳定的氧化物时所需要的氧量,单位为 mg/L。

TOD 的测定需在专门的总需氧测定仪中进行。将水样定量注入装有铂催化剂的高温石英燃烧管中,同时通入含有一定氧浓度的载气(氮气)作为原料气。水样中的还原性物质在 900℃

温度下被瞬间燃烧氧化。测定燃烧前后原料气中氧浓度的减少量，便可求得水样的 TOD 值。

TOD 值能反映出几乎全部有机物质经燃烧后变成 CO_2、H_2O、NO、SO_2 等所需要的氧量。它比 BOD、COD 都更为接近于理论的需氧量值，且测定简便迅速，可连续自动化，但仪器较昂贵，目前国内应用尚不普及。

4. 其他需氧污染物水质指标

水中有机污染物的氧化分解是复杂的，往往不能用一个简单的水质污染指标来表示污染物质的变化情况。目前，除用上述 COD、BOD 及 TOD 三个指标来表示水中需氧污染物的状况外，还应用溶解氧及总有机碳等指标相互配合来共同描述。

溶解氧（DO，Dissolved Oxygen）：溶解氧是指溶解于水中的分子氧（以 mg/L 计）。水体中溶解氧的含量与大气压强、水温及水中的含盐量有关。清洁河水中的溶解氧一般为 5 mg/L 以上。

水体中溶解氧含量的多少，反映出水体受污染的程度，溶解氧越少，表明水体受污染程度越严重。水体受到有机物污染时，在微生物的作用下，氧化分解这些有机污染物质需要消耗水中的溶解氧。当污染较为严重，氧化作用进行得很快，而水体又不能从空气中及时吸收充足的氧气来补充氧的消耗时，就会使水中的溶解氧逐渐减少，甚至会接近于零。在这种情况下，厌氧细菌便繁殖并活跃起来，使水中有机物质发生厌氧腐败分解。这种分解不仅会产生出硫化氢、氨等不良气体使水体发臭，影响环境，而且还会导致在沉泥中产生二氧化碳和甲烷。这些气体可以将沉泥浮起，在水面上形成一层含有各种有机物的浮渣，严重影响水体的感观质量。因此，DO 是衡量水体污染的一个重要指标。

DO 对于水生生物的生存有着密切的关系。当水中溶解氧低至 3～4 mg/L 时，许多鱼类的呼吸会变得困难，不易生存。DO 进一步降低，甚至会发生鱼类窒息而死亡。因此，为了保障环境卫生质量和水中鱼类的生存，一般规定水体中的 DO 含量应在 4 mg/L 以上。

总有机碳（TOC，Total Organic Carbon）：总有机碳是表示污水中有机污染物的总含碳量，单位为 mg/L。总有机碳是目前在国内外开始使用的一种表示污水被有机物污染的综合指标。像 TOD 一样，TOC 的测定也是利用化学燃烧氧化反应，只是 TOC 的测定结果以 C 含量表示，而 TOD 则以所消耗的 O_2 量表示。TOC 的测定同样简便迅速，可连续自动监测，但仪器较为昂贵，目前国内应用尚不普及。

（三）pH 值

水的 pH 值用来表示水中酸、碱的强度。如果忽略离子强度的影响，用浓度表示时，则

$$pH = -lg[H^+] = lg\frac{1}{[H^+]} \tag{3.1}$$

式中，$[H^+]$ 为氢离子浓度，单位为 mol/L。

任何水溶液中氢离子浓度和氢氧离子浓度的乘积是一个常数，称为"水的离子积"。它只与温度有关，在 25℃ 时其值为 1×10^{-14}，即

$$K_W = [H^+][OH^-] = 1 \times 10^{-14} \tag{3.2}$$

或

$$pH + pOH = pK_W = 14 \tag{3.3}$$

式中，K_W 为水的离子积；$pOH = -lg[OH^-]$；$pK_W = -lg[K_W]$。

当 $[H^+] = [OH^-]$ 时，$pH = pOH$，即 $pH = \frac{1}{2}pK_W = 7$。这时溶液为中性。

当 $[H^+] > [OH^-]$ 时，pH < 7，这时溶液为酸性。反过来，当 $[H^+] < [OH^-]$ 时，pH > 7，这时溶液为碱性。

生活污水的 pH 值一般为 7.2～7.6，呈微碱性。工业污水的 pH 值变化较大，其中不少是呈强酸或强碱性的。

污水的 pH 值对污水处理及综合利用，对水中生物的生长繁殖，对城市市政下水道的管理等都有很大的影响。所以，pH 值是污水水质的重要污染指标之一。

（四）细菌污染指标

水体中所含细菌来源于空气、土壤、污水、垃圾、动物尸体和植物残体。所以，水体中细菌的种类是多种多样的，其中大部分细菌是寄生在已丧失生活机能的机体上，这些细菌是无害的；另一部分细菌，如霍乱菌、伤寒菌、痢疾菌等则寄生在有生活机能的活的机体上，它们对人、畜是有害的。

对污水进行细菌分析是一项很复杂的工作，在水处理工程中，一般用细菌总数和总大肠菌群数两项指标来表示水体被细菌污染的程度。

1. 细菌总数

污水中的细菌总数以每毫升水中所含有的细菌个数来表示，单位以"个/mL"计。它包括了对人体无害的细菌和对人体有害的病原细菌。细菌总数越大，说明水体污染越严重。因此，用细菌总数作为水体细菌污染指标之一具有重要的意义。

2. 总大肠菌群数

污水中的总大肠菌群数以每升污水中所含有的大肠菌群的数量来表示，单位以"个/L"计。

水中存在病原菌的可能性很小，一般不直接检验水中的病原菌，而是测定水中是否有肠道正常细菌的存在。因为大肠菌群的生理习性与伤寒杆菌、痢疾杆菌等病原菌的生理习性较为相似，若检出水体中有大肠菌群，则表明该水体已被人、畜的粪便污染，也说明有被病原菌污染的可能性。只有在特殊情况下，才直接检验水中的病原菌。由此，选定总大肠菌群数作为污水细菌污染的又一指标。这一指标比细菌总数具有更重要的意义。

（五）有毒物质指标

称某些物质为有毒物质，是因为这些物质在达到一定浓度后，会危害人体健康，危害水生生物或者影响污水的生物处理等。水中的有毒有害物质种类繁多，它们大多是由于工业污染造成的。各种工业废水不加处理或未作妥善处理就排入水体，造成了严重的环境污染。从另一角度看，这些物质很多是有用的工业原料，因此应该尽量回收，综合利用，变废为宝。

毒物是重要的水质污染指标，各类水质标准中对主要的毒物都规定了限值。上节已提到，污染水体的毒物有三大类，即无机化学毒物（包括金属、非金属物质）、有机化学毒物和放射性物质。具体地说，水中的有毒有害物质可以分为以下几类：

（1）水中的金属有毒有害物质。如汞、镉、铬、铅、铜、锌、镍、钡、钒等。

（2）水中的非金属有毒有害物质。如砷、硒、氰、氟等。

（3）水中的有机有毒有害物质。如酚、腈、有机磷、有机氯、多氯联苯、多环芳烃等。

（4）水中的放射性物质。如 α 放射性、β 放射性（以 Bq/L 计）物质等。

近年来，美国和欧洲不少国家颁布了水环境中有毒有害物质的所谓"黑名单（Black List）"和"灰名单（Grey List）"。它们是根据有毒有害物质的毒性、持久性和生物积累性的原则而选定。黑名单中包括了 129 种化合物，它们对人体及生物都是有毒的物质。灰名单中列出了 20 多种物质，它们对生态系统也造成了严重危害，要求这些物质的排放量必须减少。

二、水质标准

水的用途很广，在生活、工业、农业、渔业和环境（如景观用水）等各个方面都要应用大量的水。世界各国针对水的不同用途，对用水的水质建立起了相应的物理、化学和生物学的质量标准。如生活饮用水主要用于人类的日常生活中，它与人类的身体健康有着密切的关系，本书附录表示我国的生活饮用水卫生标准。

水质标准是环境标准的一种。在环境工程实践中有两类水质标准。一类是国家正式颁布的统一规定，如《生活饮用水卫生标准》（GB 5749—2022，见书后附录）、《地表水环境质量标准》（GB 3838—2002）、《污水综合排放标准》（GB 8978—1996）等。这些标准中对各项水质指标都有明确的要求尺度和界限。它们是有关单位都必须遵守的一种法定的要求，具有指令性和法律效力。另一类是各用水部门或设计、研究单位为进行各项工程建设或工艺生产操作，根据必要的试验研究或一定的经验所确定的各种水质要求，如"对工业用水的水质要求"等，这类水质要求只是一种必要的和有益的参考，并不具有法律效力。

（一）地表水环境质量标准

保护地表水体免受污染是环境保护的重要任务之一，它直接影响水资源的合理开发和有效利用。这就要求一方面制定水体的环境质量标准和废水的排放标准；另一方面要对必须排放的废水进行必要而适当的处理。

为了控制水污染，保护地表水水质，保障人体健康，维护良好的生态系统，我国国家环保总局与国家质量监督检验检疫总局于 2002 年 4 月 26 日发布（2002 年 6 月 1 日实施）了新的《地表水环境质量标准》（GB 3838—2002），见表 3.2、表 3.3 和表 3.4。它适用于江河、湖泊、运河、渠道、水库等具有使用功能的地表水水域。

在上述标准（GB 3838—2002）中，依据地表水水域环境功能和保护目标，我国将地表水按功能高低依次划分为五类：

Ⅰ类，主要适用于源头水、国家自然保护区；

Ⅱ类，主要适用于集中式生活饮用水地表水源地一级保护区、珍稀水生生物栖息地、鱼虾类产卵场、仔稚幼鱼的索饵场等；

Ⅲ类，主要适用于集中式生活饮用水地表水源地二级保护区、鱼虾类越冬场、洄游通道、水产养殖区等渔业水域及游泳区；

Ⅳ类，主要适用于一般工业用水区及人体非直接接触的娱乐用水区；

Ⅴ类，主要适用于农业用水区及一般景观要求水域。

对应地表水上述五类水域功能，将地表水环境质量标准基本项目标准值分为五类，不同功能类别分别执行相应类别的标准值。水域功能类别高的标准值严于水域功能类别低的标准值。同一水域兼有多类使用功能的，执行最高功能类别对应的标准值。实现水域功能与达到功能类别标准为同一含义。

表 3.2　地表水环境质量标准基本项目标准限值　　　　　（单位：mg/L）

序号	项目 ＼ 标准值＼分类	I 类	II 类	III 类	IV 类	V 类
1	水温（℃）	人为造成的环境水温变化应限制在： 周平均最大温升≤1 周平均最大温降≤2				
2	pH 值（无量纲）	6~9				
3	溶解氧　≥	饱和率90% （或7.5）	6	5	3	2
4	高锰酸盐指数　≤	2	4	6	10	15
5	化学需氧量（COD）　≤	15	15	20	30	40
6	五日生化需氧量（BOD_5）≤	3	3	4	6	10
7	氨氮（$NH_3\text{-}N$）　≤	0.15	0.5	1.0	1.5	2.0
8	总磷（以 P 计）　≤	0.02 （湖、库0.01）	0.1 （湖、库0.025）	0.2 （湖、库0.05）	0.3 （湖、库0.1）	0.4 （湖、库0.2）
9	总氮（湖、库，以 N 计）≤	0.2	0.5	1.0	1.5	2.0
10	铜　≤	0.01	1.0	1.0	1.0	1.0
11	锌　≤	0.05	1.0	1.0	2.0	2.0
12	氟化物（以 F^- 计）　≤	1.0	1.0	1.0	1.5	1.5
13	硒　≤	0.01	0.01	0.01	0.02	0.02
14	砷　≤	0.05	0.05	0.05	0.1	0.1
15	汞　≤	0.000 05	0.000 05	0.000 1	0.001	0.001
16	镉　≤	0.001	0.005	0.005	0.005	0.01
17	铬（六价）　≤	0.01	0.05	0.05	0.05	0.1
18	铅　≤	0.01	0.01	0.05	0.05	0.1
19	氰化物　≤	0.005	0.05	0.2	0.2	0.2
20	挥发酚　≤	0.002	0.002	0.005	0.01	0.1
21	石油类　≤	0.05	0.05	0.05	0.5	1.0
22	阴离子表面活性剂　≤	0.2	0.2	0.2	0.3	0.3
23	硫化物　≤	0.05	0.1	0.2	0.5	1.0
24	粪大肠菌群（个/L）　≤	200	2 000	10 000	20 000	40 000

表 3.3　集中式生活饮用水地表水源地补充项目标准限值　　　　　（单位：mg/L）

序　号	项　目	标　准　值
1	硫酸盐（以 SO_4^{2-} 计）	250
2	氯化物（以 Cl^- 计）	250
3	硝酸盐（以 N 计）	10
4	铁	0.3
5	锰	0.1

表 3.4　集中式生活饮用水地表水源地特定项目标准限值　（单位：mg/L）

序号	项目	标准值	序号	项目	标准值
1	三氯甲烷	0.06	41	丙烯酰胺	0.000 5
2	四氯化碳	0.002	42	丙烯腈	0.1
3	三溴甲烷	0.1	43	邻苯二甲酸二丁酯	0.003
4	二氯甲烷	0.02	44	邻苯二甲酸二(2-乙基己基)酯	0.008
5	1,2-二氯乙烷	0.03	45	水合肼	0.01
6	环氧氯丙烷	0.02	46	四乙基铅	0.000 1
7	氯乙烯	0.005	47	吡啶	0.2
8	1,1-二氯乙烯	0.03	48	松节油	0.2
9	1,2-二氯乙烯	0.05	49	苦味酸	0.5
10	三氯乙烯	0.07	50	丁基黄原酸	0.005
11	四氯乙烯	0.04	51	活性氯	0.01
12	氯丁二烯	0.002	52	滴滴涕	0.001
13	六氯丁二烯	0.000 6	53	林丹	0.002
14	苯乙烯	0.02	54	环氧七氯	0.000 2
15	甲醛	0.9	55	对硫磷	0.003
16	乙醛	0.05	56	甲基对硫磷	0.002
17	丙烯醛	0.1	57	马拉硫磷	0.05
18	三氯乙醛	0.01	58	乐果	0.08
19	苯	0.01	59	敌敌畏	0.05
20	甲苯	0.7	60	敌百虫	0.05
21	乙苯	0.3	61	内吸磷	0.03
22	二甲苯①	0.5	62	百菌清	0.01
23	异丙苯	0.25	63	甲萘威	0.05
24	氯苯	0.3	64	溴氰菊酯	0.02
25	1,2-二氯苯	1.0	65	阿特拉津	0.003
26	1,4-二氯苯	0.3	66	苯并（a）芘	2.8×10^{-6}
27	三氯苯②	0.02	67	甲基汞	1.0×10^{-6}
28	四氯苯③	0.02	68	多氯联苯⑥	2.0×10^{-5}
29	六氯苯	0.05	69	微囊藻毒素-LR	0.001
30	硝基苯	0.017	70	黄磷	0.003
31	二硝基苯④	0.5	71	钼	0.07
32	2,4-二硝基甲苯	0.000 3	72	钴	1.0
33	2,4,6-三硝基甲苯	0.5	73	铍	0.002
34	硝基氯苯⑤	0.05	74	硼	0.5
35	2,4-二硝基氯苯	0.5	75	锑	0.005
36	2,4-二氯苯酚	0.093	76	镍	0.02
37	2,4,6-三氯苯酚	0.2	77	钡	0.7
38	五氯酚	0.009	78	钒	0.05
39	苯胺	0.1	79	钛	0.1
40	联苯胺	0.000 2	80	铊	0.000 1

注：① 二甲苯：是指对-二甲苯、间-二甲苯、邻-二甲苯。
　　② 三氯苯：是指1,2,3-三氯苯、1,2,4-三氯苯、1,3,5-三氯苯。
　　③ 四氯苯：是指1,2,3,4-四氯苯、1,2,3,5-四氯苯、1,2,4,5-四氯苯。
　　④ 二硝基苯：是指对-二硝基苯、间-二硝基苯、邻-二硝基苯。
　　⑤ 硝基氯苯：是指对-硝基氯苯、间-硝基氯苯、邻-硝基氯苯。
　　⑥ 多氯联苯：是指PCB-1016、PCB-1221、PCB-1232、PCB-1242、PCB-1248、PCB-1254、PCB-1260。

（二）污水排放标准

只规定上述的地面水对污染物质的容许标准值还不能约束各种污染物的排放。为了控制水体污染，保护江河、湖泊、运河、渠道、水库和海洋等地面水体以及地下水体水质，使其处于良好状态，保障人体健康，维护生态平衡，促进国民经济和城乡建设的发展，1988 年国家环保局颁布了《污水综合排放标准》（GB 8978—88），1996 年又对此标准作了修订，发布了《污水综合排放标准》（GB 8978—1996），如表 3.5，3.6 和 3.7 所示。该标准适用于现有单位水污染物的排放管理，以及建设项目的环境评价、建设项目环境保护设施设计、竣工验收及其投产后的排放管理，并将排放的污染物按其性质分为两类。

第一类污染物是指能在环境或动植物体内积累，对人体健康产生长远不良影响者，含有此类有害污染物的污水，一律在车间或车间处理设施排出口采样，其最高允许排放浓度必须符合表 3.5 的规定，且不得用稀释的方法代替必要的处理。

第二类污染物是指长远影响小于第一类的污染物质，在排污单位排放口采样，其最高允许排放浓度必须符合表 3.6，3.7 的规定。对此类污染物要求较松，可用稀释法。

表 3.5　第一类污染物最高允许排放浓度　　　　　　（单位：mg/L）

序　号	污　染　物	最高允许排放浓度
1	总　汞	0.05
2	烷基汞	不得检出
3	总　镉	0.1
4	总　铬	1.5
5	六价铬	0.5
6	总　砷	0.5
7	总　铅	1.0
8	总　镍	1.0
9	苯并（a）芘	0.000 03
10	总　铍	0.005
11	总　银	0.5
12	总 α 放射性	1 Bq/L
13	总 β 放射性	10 Bq/L

表 3.6　第二类污染物最高允许排放浓度
（1997 年 12 月 31 日之前建设的单位）　　　　　　（单位：mg/L）

序	污　染　物	适　用　范　围	一级标准	二级标准	三级标准
1	pH 值	一切排污单位	6～9	6～9	6～9
2	色度（稀释倍数）	染料工业	50	180	—
		其他排污单位	50	80	—
3	悬浮物（SS）	采矿、选矿、选煤工业	100	300	—
		脉金选矿	100	500	—
		边远地区沙金选矿	100	800	—
		城镇二级污水处理厂	20	30	—
		其他排污单位	70	200	400
4	五日生化需氧量（BOD$_5$）	甘蔗制糖、芒麻脱胶、湿法纤维板工业	30	100	600
		甜菜制糖、酒精、味精、皮革、化纤浆粕工业	30	150	600
		城镇二级污水处理厂	20	30	—
		其他排污单位	30	60	300

序号	污染物	适用范围	一级标准	二级标准	三级标准
5	化学需氧量（COD）	甜菜制糖、焦化、合成脂肪酸、湿法纤维板、染料、洗毛、有机磷农药工业	100	200	1 000
		味精、酒精、医药原料药、生物制药、苎麻脱胶、皮革、化纤浆粕工业	100	300	1 000
		石油化工工业（包括石油炼制）	100	150	500
		城镇二级污水处理厂	60	120	—
		其他排污单位	100	150	500
6	石油类	一切排污单位	10	10	30
7	动植物油	一切排污单位	20	20	100
8	挥发酚	一切排污单位	0.5	0.5	2.0
9	总氰化合物	电影洗片（铁氰化合物）	0.5	5.0	5.0
		其他排污单位	0.5	0.5	1.0
10	硫化物	一切排污单位	1.0	1.0	2.0
11	氨氮	医药原料药、染料、石油化工工业	15	50	—
		其他排污单位	15	25	—
12	氟化物	黄磷工业	10	20	20
		低氟地区（水体含氟量<0.5 mg/L）	10	20	30
		其他排污单位	10	10	20
13	磷酸盐（以P计）	一切排污单位	0.5	1.0	—
14	甲醛	一切排污单位	1.0	2.0	5.0
15	苯胺类	一切排污单位	1.0	2.0	5.0
16	硝基苯类	一切排污单位	2.0	3.0	5.0
17	阴离子表面活性剂（LAS）	合成洗涤剂工业	5.0	15	20
		其他排污单位	5.0	10	20
18	总铜	一切排污单位	0.5	1.0	2.0
19	总锌	一切排污单位	2.0	5.0	5.0
20	总锰	合成脂肪酸工业	2.0	5.0	5.0
		其他排污单位	2.0	2.0	5.0
21	彩色显影剂	电影洗片	2.0	3.0	5.0
22	显影剂及氧化物总量	电影洗片	3.0	6.0	6.0
23	元素磷	一切排污单位	0.1	0.3	0.3
24	有机磷农药（以P计）	一切排污单位	不得检出	0.5	0.5
25	粪大肠菌群数	医院[①]、兽医院及医疗机构含病原体污水	500 个/L	1 000 个/L	5 000 个/L
		传染病、结核病医院污水	100 个/L	500 个/L	1 000 个/L
26	总余氯（采用氯化消毒的医院污水）	医院[①]、兽医院及医疗机构含病原体污水	< 0.5[②]	>3(接触时间≥1 h)	>2(接触时间≥1 h)
		传染病、结核病医院污水	< 0.5[②]	>6.5(接触时间≥1.5 h)	>5(接触时间≥1.5 h)

注：① 指50个床位以上的医院。
　　② 加氯消毒后必须进行脱氯处理，达到本标准。

表 3.7 第二类污染物最高允许排放浓度
（1998年1月1日后建设的单位）　　　　　　（单位：mg/L）

序号	污染物	适用范围	一级标准	二级标准	三级标准
1	pH 值	一切排污单位	6～9	6～9	6～9
2	色度(稀释倍数)	一切排污单位	50	80	—
3	悬浮物（SS）	采矿、选矿、选煤工业	70	300	—
		脉金选矿	70	400	—
		边远地区沙金选矿	70	800	—
		城镇二级污水处理厂	20	30	—
		其他排污单位	70	150	400
4	五日生化需氧量（BOD$_5$）	甘蔗制糖、苎麻脱胶、湿法纤维板、染料、洗毛工业	20	60	600
		甜菜制糖、酒精、味精、皮革、化纤浆粕工业	20	100	600
		城镇二级污水处理厂	20	30	—
		其他排污单位	20	30	300
5	化学需氧量（COD）	甜菜制糖、合成脂肪酸、湿法纤维板、染料、洗毛、有机磷农药工业	100	200	1 000
		味精、酒精、医药原料药、生物制药、苎麻脱胶、皮革、化纤浆粕工业	100	300	1 000
		石油化工工业（包括石油炼制）	60	120	500
		城镇二级污水处理厂	60	120	—
		其他排污单位	100	150	500
6	石油类	一切排污单位	5	10	20
7	动植物油	一切排污单位	10	15	100
8	挥发酚	一切排污单位	0.5	0.5	2.0
9	总氰化合物	一切排污单位	0.5	0.5	1.0
10	硫化物	一切排污单位	1.0	1.0	1.0
11	氨氮	医药原料药、染料、石油化工工业	15	50	—
		其他排污单位	15	25	—
12	氟化物	黄磷工业	10	15	20
		低氟地区（水体含氟量<0.5 mg/L）	10	20	30
		其他排污单位	10	10	20
13	磷酸盐（以 P 计）	一切排污单位	0.5	1.0	—
14	甲醛	一切排污单位	1.0	2.0	5.0
15	苯胺类	一切排污单位	1.0	2.0	5.0
16	硝基苯类	一切排污单位	2.0	3.0	5.0
17	阴离子表面活性	一切排污单位	5.0	10	20
18	总铜	一切排污单位	0.5	1.0	2.0
19	总锌	一切排污单位	2.0	5.0	5.0
20	总锰	合成脂肪酸工业	2.0	5.0	5.0
		其他排污单位	2.0	2.0	5.0
21	彩色显影剂	电影洗片	1.0	2.0	3.0

序号	污 染 物	适 用 范 围	一级标准	二级标准	三级标准
22	显影剂及氧化物总量	电影洗片	3.0	3.0	6.0
23	元素磷	一切排污单位	0.1	0.1	0.3
24	有机磷农药（以 P 计）	一切排污单位	不得检出	0.5	0.5
25	乐 果	一切排污单位	不得检出	1.0	2.0
26	对硫磷	一切排污单位	不得检出	1.0	2.0
27	甲基对硫磷	一切排污单位	不得检出	1.0	2.0
28	马拉硫磷	一切排污单位	不得检出	5.0	10
29	五氯酚及五氯酚钠（以五氯酚计）	一切排污单位	5.0	8.0	10
30	可吸附有机卤化物(AOX)(以 Cl 计)	一切排污单位	1.0	5.0	8.0
31	三氯甲烷	一切排污单位	0.3	0.6	1.0
32	四氯化碳	一切排污单位	0.03	0.06	0.5
33	三氯乙烯	一切排污单位	0.3	0.6	1.0
34	四氯乙烯	一切排污单位	0.1	0.2	0.5
35	苯	一切排污单位	0.1	0.2	0.5
36	甲 苯	一切排污单位	0.1	0.2	0.5
37	乙 苯	一切排污单位	0.4	0.6	1.0
38	邻－二甲苯	一切排污单位	0.4	0.6	1.0
39	对－二甲苯	一切排污单位	0.4	0.6	1.0
40	间－二甲苯	一切排污单位	0.4	0.6	1.0
41	氯 苯	一切排污单位	0.2	0.4	1.0
42	邻－二氯苯	一切排污单位	0.4	0.6	1.0
43	对－二氯苯	一切排污单位	0.4	0.6	1.0
44	对－硝基氯苯	一切排污单位	0.5	1.0	5.0
45	2，4－二硝基氯苯	一切排污单位	0.5	1.0	5.0
46	苯 酚	一切排污单位	0.3	0.4	1.0
47	间－甲酚	一切排污单位	0.1	0.2	0.5
48	2，4－二氯酚	一切排污单位	0.6	0.8	1.0
49	2，4，6－三氯酚	一切排污单位	0.6	0.8	1.0
50	邻苯二甲酸二丁酯	一切排污单位	0.2	0.4	2.0
51	邻苯二甲酸二辛酯	一切排污单位	0.3	0.6	2.0
52	丙烯腈	一切排污单位	2.0	5.0	5.0

序号	污 染 物	适 用 范 围	一级标准	二级标准	三级标准
53	总 硒	一切排污单位	0.1	0.2	0.5
54	粪大肠菌群数	医院①、兽医院及医疗机构含病原体污水	500 个/L	1 000 个/L	5 000 个/L
		传染病、结核病医院污水	100 个/L	500 个/L	1 000 个/L
55	总余氯（采用氯化消毒的医院污水）	医院①、兽医院及医疗机构含病原体污水	<0.5②	>3(接触时间≥1 h)	>2(接触时间≥1 h)
		传染病、结核病医院污水	<0.5②	>6.5(接触时间≥1.5 h)	>5(接触时间≥1.5 h)
56	总有机碳（TOC）	合成脂肪酸工业	20	40	—
		苎麻脱胶工业	20	60	—
		其他排污单位	20	30	—

注：其他排污单位，指除在该控制项目中所列行业以外的一切排污单位。
　② 指 50 个床位以上的医院。
　② 加氯消毒后必须进行脱氯处理，达到本标准（GB 8978—1996）。

执行表 3.5、表 3.6、表 3.7 中级别标准的具体规定如下。

（1）特殊保护水域，指国家《地表水环境质量标准》（GH 3838—2002）Ⅰ、Ⅱ类水域，不得新建排污口，现有的排污单位由地方环保部门从严控制，以保证受纳水体水质符合规定用途的水质标准。

（2）重点保护水域，指国家《地表水环境质量标准》（GH 3838—2002）Ⅲ类水域和《海水水质标准》（GB 3097—1997）Ⅱ类水域，对排入该区水域的污水执行一级标准。

（3）一般保护水域，指国家《地表水环境质量标准》（GH 3838—2002）Ⅳ、Ⅴ类水域和《海水水质标准》Ⅲ类水域，排入该水域的污水执行二级标准。

（4）对排入城镇下水道并进入二级污水处理厂进行生物处理的污水执行三级标准。

经过必要处理的生活污水和工业废水排入地面水体后，接纳水体下游的最近用水点（指距排出口下游最近的城镇、工业企业集中式给水取水点上游 1 000 m 断面处，或农村生活饮用水集中取水点）的有害物质的最高容许浓度不应超过表 3.8 中的规定。

表 3.8　地面水中有害物质的最高容许浓度　（单位：mg/L）

编号	物质名称	最高容许浓度	编号	物质名称	最高容许浓度
1	乙 腈	5.0	12	六六六	0.02
2	乙 醛	0.05	13	六氯苯	0.05
3	二硫化碳	2.0	14	内吸磷(E059)	0.03
4	二硝基苯	0.5	15	水合肼	0.01
5	二硝基氯苯	0.5	16	四乙基铅	不得检出
6	二氯苯	0.02	17	四氯苯	0.02
7	丁基黄原酸盐	0.005	18	石油（包括煤油汽油）	0.3
8	三氯苯	0.02	19	甲基对硫磷（甲基 E605）	0.02
9	三硝基甲苯	0.5	20	甲 醛	0.5
10	马拉硫磷(4049)	0.25	21	丙烯腈	2.0
11	己内酰胺	按地面水中生化需氧量计算	22	丙烯醛	0.1

编号	物质名称	最高容许浓度	编号	物质名称	最高容许浓度
23	对硫磷(E605)	0.003	39	铅	0.1
24	乐戈（乐果）	0.08	40	钴	1.0
25	异丙苯	0.25	41	铍	0.000 2
26	汞	0.001	42	硒	0.01
27	吡啶	0.2	43	铬：三价铬 六价铬	0.5 0.05
28	钒	0.1	44	铜	0.1
29	松节油	0.2	45	锌	1.0
30	苯	2.5	46	硫化物	不得检出（按地面水溶解氧计算）
31	苯乙烯	0.3	47	氰化物	0.05
32	苯胺	0.1	48	氯苯	0.02
33	苦味酸	0.5	49	硝基氯苯	0.05
34	氟化物	1.0	50	锑	0.05
35	活性氯	不得检出（按地面水需氯量计算）	51	滴滴涕	0.2
36	挥发酚类	0.01	52	镍	0.5
37	砷	0.04	53	镉	0.01
38	钼	0.5			

当废水用于灌溉农田时，应持积极慎重的态度，废水水质应符合《农田灌溉水质标准》（GB 5048—2021）；废水排向渔业水体或海洋时，水质应符合《渔业水质标准》（GB 11607—89）及《海水水质标准》（GB 3097—1997）；对于排放含有放射性物质的污水，除执行上述《污水综合排放标准》（GB 8978—1996）外，还须符合《电离辐射防护与辐射源安全基本标准》（GB 18871—2002）。

需要指出的是，排放污水只按照《污水综合排放标准》还难以确保水环境质量，为此，我国还实施了污染物排放总量控制。污染物排放总量控制是根据水体的自净能力，依据地面水环境质量标准，控制污染物的排放总量（不是浓度），把污染物负荷总量控制在自然环境的承载能力范围之内。

第三节 水体的污染源

向水体排放或释放污染物的场所、设备和装置等都称为水体污染源。各种水体在其循环过程中几乎涉及各种污染源。污染源的类型很多，从环境保护角度可将水体污染源分为天然污染源和人为污染源。水体天然污染源是指自然界自行向水体释放有害物质或造成有害影响的场所。如岩石和矿物的风化和水解、火山喷发、水流冲蚀地面等。水体人为污染源是指人类活动形成的污染源，按排放污染物空间分布方式，可以分为点源和非点源（或面源）。

在当前的条件下，工业、农业和交通运输业高度发展，人口日益增多并大量集中于城市，水体污染主要是人类的生产和生活活动造成的。因此，水体人为污染源是环境保护研究和水污染防治的主要对象，也是本节的重点讨论内容。

一、点　源

点源污染源是指以比较集中形式排放而使水体造成污染的发生源，它主要指工业废水污染源和生活污水污染源。

（一）工业废水

在工业生产过程中排出的废水、污水、废液等统称工业废水。废水主要是指工业冷却水；污水是指与产品直接接触、受污染较严重的排水；废液是指在生产工艺中流出的污水。由于工业的迅速发展，工业类型、所用原料、生产工艺以及用水水质和管理水平等差异，造成各种工业废水的量大、成分复杂、毒性大、含污染物多，处理比较困难。总的来看，工业废水具有以下特点：

（1）悬浮物含量高，可高达 30 000 mg/L 以上；

（2）需氧量高，且有机物一般难以生化降解，其 COD 为 400～10 000 mg/L，BOD 为 200～5 000 mg/L；

（3）pH 值变化幅度大，一般 pH = 2～13；

（4）温度较高，可达 40℃ 以上，排入水体可引起热污染；

（5）易燃。因为常含有低燃点的挥发性液体，如汽油、苯、二硫化碳、丙酮、甲醇、酒精、石油等易燃污染物，易着火酿成水面火灾；

（6）含有多种多样的有害成分。如化工厂废水，含有汞、铅、氰化物、砷、萘、苯、硫化物、硝基化合物、酸、碱等物质；造纸废水含有碱、木质素、硫化物、氰化物、汞、酚类物质，等等。

（二）生活污水

生活污水是指居民在日常生活活动中所产生的废水，它包括由厨房、浴室、厕所等场所排出的污水和污物。其中，99% 以上是水，固体物质不到 1%，多为无毒的无机盐类（如氯化物、硫酸盐、磷酸和钠、钾、钙、镁等重碳酸盐）、需氧有机物类（如纤维素、淀粉、糖类、脂肪、蛋白质和尿素等）、各种微量金属（如 Zn、Cu、Cr、Mn、Ni、Pb 等）、病原微生物及各种洗涤剂。城市和人口密集的居住区是生活污水的主要来源。

生活污水的水质成分呈较规律的日变化，其水量则呈较规律的季节变化。生活污水具有以下性质：

（1）悬浮物质较低，一般为 200～500 mg/L，有资料表明，每人每日所排悬浮固体平均为 30～50 g；

（2）属于低浓度有机废水，一般其生化需氧量 BOD = 210～600 mg/L，有资料表明，平均每人每日所排悬浮固体为 20～35 g；

（3）呈弱碱性，一般 pH ≈ 7.2～7.6；

（4）含氮、磷等营养物质较多；

（5）含有多种微生物，含有大量细菌，包括病原菌。

表 3.9 表示我国一些城市生活污水的水质状况。

表 3.9　我国一些城市生活污水水质情况

水质项目	北　京	上　海	西　安	武　汉	哈尔滨
pH 值	7.0～7.7	7.0～7.5	7.3～7.9	7.1～7.6	6.9～7.9
悬浮固体	100～320	300～350	—	60～330	110～450
五日生化需氧量	90～180	350～370	—	320～340	80～250
耗氧量	30～88	—	—	60～220	70～230
氨　氮	25～45	40～50	21.7～32.5	15～60	15～50
氯化物	124～128	140～150	80～105	—	—
磷	30～35	—	—	—	5～10
钾	18～22	—	—	—	—

注：单位除 pH 值外均以 mg/L 计。

二、非点源

水污染非点源，在我国多称为水污染面源，是以较大范围形式排放污染物而造成水体污染的发生源。面源污染主要指农田径流排水，具有面广、分散、难以收集、难以治理的特点。据统计，农业灌溉用水量占全球总用水量的 70% 左右。随着农药和化肥的大量使用，农田径流排水已成为天然水体的主要污染来源之一。资料表明：一个饲养 1.5 万头牲畜的饲养场雨季时流出的污水中，其 BOD_5 相当于一个 10 万人口的城市所排泄的量。

施用于农田的农药和化肥除一部分被农作物吸收外，其余都残留在土壤和飘浮于大气中，经过降水的淋洗和冲刷，以及农田灌溉的排水，这些残留的农药（杀虫剂、除草剂、植物生长调节剂等）和化肥（氮、磷等）会随着降水和灌溉排水的径流和渗流汇入地面水和地下水中。

面源污染的变化规律主要与农作物的分布和管理水平有关。

第四节　水体污染控制的基本途径

迄今为止，我国城市每年排放污水约 500 多亿 t，处理的污水占排放量的不到 1/5。可见，有大量的生活污水和工业废水未经处理便直接排入水体，造成了水环境污染日益严重，如淮河、海河、辽河和太湖、巢湖、滇池的水污染目前都很严重，甚至形成公害。从全国的情况看，各大江河有 12.7% 的干流和 55% 的支流受到污染，这种状况使得本来已紧张的水资源更加紧张。水源被污染，不光给水的净化造成困难，增加用水的成本，还要危害人的身体健康，影响工农业产品的产量和质量。为了保护水资源，改善水环境质量，必须对水体污染加以妥善控制与治理。

近几十年来，在控制水污染方面经历了三个阶段：开始主要注重对严重污染源的废水治理；以后发展到重视回收和回用，从改革工艺入手，尽量减少废水排放量和废水中污染物的浓度；继而发展到从根本上全面地研究合理和有效地控制污染，以防为主、综合治理的阶段。

怎样来控制水体污染呢？从技术角度看，其基本途径如下。

一、减少废水及其污染物的产生量

随着工业的发展，工业废水量日益增大，含污染物多而复杂。在这种情况下，仅采取对废水进行处理的措施，不仅耗资大、耗能多，而且难以控制污染，不能从根本上解决污染问题。工业废水和其中的污染物是一定生产工艺过程的产物，因此，减少废水及其污染物的产生量是控制水体污染的基本途径之一。具体做法是：

1. 改革生产工艺

改革生产工艺，实行清洁生产，尽量不用或少用易产生污染的原料及生产工艺。如采用无水印染工艺，即干法印染工艺代替有水印染工艺，可消除印染废水的排放；采用无毒工艺，如用酶法制革代替碱法制革，便可避免产生危害大的碱性废水，而酶法制革废水稍加处理可成为灌溉农田的肥料；采用无氰电镀工艺，即在生产过程中用非氰化物电解液代替氰化物电解液，可使废水中不含有毒的氰化物；在造纸工业方面，西方一些发达国家采用了无污染的氧蒸煮法，就是用氧气、碳酸钠蒸煮木片，产生的废液仅为硫酸盐法的 1/10，无色无臭，而且能够循环使用。

2. 改进生产设备

改进设备，健全生产管理制度，减少人为的污染产生量。一些工厂往往由于生产程序不合理、设备老化和管理制度不健全，人为地造成了许多废水问题，跑、冒、滴、漏现象十分严重。如倒料时大量漏失，不合理地用水冲洗并使污水任意溢流，频繁改变生产工艺及倒料，任意向下水道倾倒余料及剩液等，都会造成对水体的污染。

二、减少废水及其污染物的排放量

减少废水及其污染物的排放量是控制水体污染的又一基本途径，其具体做法如下。

1. 提高水的重复利用率

我国在工业用水方面，重复利用率很低，只有少数几个城市达到了 50% 以上，一般都不到 20%，大量宝贵的水用过一次以后，就排放到江河里，造成水污染。加强水的重复利用、循环回用和闭路循环等技术措施，可提高水的重复利用率，使废水排放量减至最少。

重复用水就是根据不同生产工艺对水质的不同要求，将甲工段排出的废水送往乙工段，将乙工段的废水送入丙工段，实现一水多用。图 3.3 的碱法造纸流程就是重复用水的一个例子，它是通过重复回用造纸厂白水以减少洗涤水的使用量，从而达到减少废水排放量的目的。

循环用水是指某生产过程用过的水回用于该过程。水在循环使用过程中杂质将不断积累。为了维持用水水质，一般都采取处理措施去除每次使用中进入水中的杂质。循环用

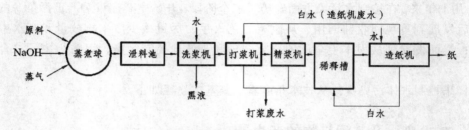

图 3.3 碱法造纸流程简图

水在工厂中常可见到。如高炉煤气洗涤废水经沉淀、冷却后可再次利用于洗涤高炉煤气，并可不断循环，只需补充少量的水以补偿循环中的损失。

闭路循环技术是指把系统内生产过程中所产生的废水，经处理或不经处理全部回到原来的生产过程或其他过程中重新使用，不补充或只补充少量洁净水，不排放被污染的废水。这是合理用水，减少排放污水量的一个新的发展方向。某些单一的生产工艺比较容易实现闭路循环。图 3.4 为电镀镀件漂洗水闭路循环用水的处理系统，洁净水只加在镀件最后一次漂洗槽内，然后逆镀件的移动方向依次流向第一漂洗槽。对第一漂洗槽中流出的被严重污染的废水，则用离子交换法或薄膜蒸发法进行处理，处理后的浓液经纯化处理，去除有害杂质后可作为电镀母液回用。

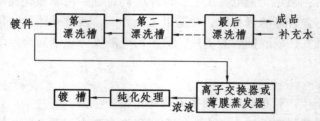

图 3.4　电镀镀件漂洗水闭路循环用水处理系统示意图

生活污水通过有效净化手段可以再生并回用于某些用途，如北京、东京等大都市都已出现了建筑中水回用新技术。所谓建筑中水，是指建筑物的各种排水经处理后又回用于建筑小区杂用的供水系统。建筑中水水源，一般首先选用优质杂排水，即污染浓度较低的排水，如沐浴排水、盥洗排水、洗衣排水等。经处理后的建筑中水回用于冲洗便器、浇灌绿地、冲洗车辆、浇洒道路、冷却水的补充水、消防用水等，也可用来补给地下水，防止地下水位的下降或海水的入侵等。对于缺乏水资源的城市，建筑中水不仅缓解了水资源的紧张状况，而且减轻了水环境的污染，其环境效益、经济效益、社会效益十分显著。图 3.5 为某个大宿舍区的建筑中水回用系统的流程。

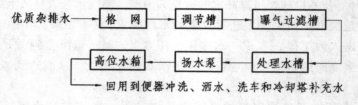

图 3.5　建筑中水回用系统的流程

2. 回收有用物质

工业废水中的污染物质，都是在生产过程中进入水中的原料，如果能将这些流失至废水中的原料和成品与水分离，就地回收，不仅可以降低产品的成本，还可以变废为宝，化害为利，大大减少污染物的排放量，使污水中污染物质的浓度降低，以减轻污水处理的负担。例如，造纸厂用水量大，所排废水中含有大量的有机物和某些化学药品，是一较大的污染源，但如果将所排废水回收利用，则可使污染源变为生产源，如从纸浆废液回收碱，重复利用；从漂白液中回收氯化钠；从黑液中提取碱木素、二甲基亚砜、妥尔油、松节油等副产品。

3. 加强工业废水与城市污水的综合治理

城市污水是生活污水和工业废水的混合液，其中工业废水一般占城市污水的30%～70%，有的可达80%。在工业发达的国家，除了大型、集中的工业或工业区采用独立废水处理设备外，对于大量的中小企业的工业废水大多采取综合治理方案，即与城市污水共同处理的方式。各企业的工业废水在厂内经过必要的处理，经城市排水管网进入污水处理厂，与生活污水共同处理，水质达标后再排入水体。这样不仅可减少污染物质的排放量，同时可降低建设费用和运行费用。

此外，当接纳水体的环境容量（即自然环境的自然净化能力）较大时，可利用水体的稀释和自净能力，减少对污水的处理程度，这有助于节省投资和能源。但在利用水体的自净能力时，要慎重考虑，作出正确的评价；在利用时还应留有余地，因为目前我国大多数河流已受到不同程度的污染。

废水的处理程度可按下式计算

$$E = \frac{c_i - c_0}{c_i} \times 100\% \tag{3.4}$$

式中　E——废水的处理程度，%；

　　　c_i——未处理前废水中某种污染指标的平均浓度，mg/L；

　　　c_0——废水经处理后排入水体时的容许浓度，mg/L。

例 3.1　南方某条河流，其最枯流量 $Q = 3$ m³/s，相应的河水溶解氧含量 DO = 6 mg/L。现有一有机废水（$q = 105$ m³/h，BOD$_5$ = 380 mg/L）要从岸边集中排入河中。为了满足接纳水体（该河段为《地表水环境质量标准》中规定的Ⅲ类水体）对溶解氧的含量要求，试计算此废水所需要的处理程度。

解　影响水体中溶解氧变化的因素很多，如河流的流速、水深、水温等，现本例按一般估算计，并取河水中溶解氧的混合系数 $\alpha = 0.75$。

查表 3.2 得Ⅲ类水体的溶解氧含量应不低于 5 mg/L（即[DO]≥5 mg/L）。

河水中可以利用的氧量为

$$V_1 = (DO - [DO])\alpha Q$$

式中，DO = 6 mg/L；[DO] = 5 mg/L；$\alpha = 0.75$；$Q = 3$ m³/s = 3×10^3 L/s。代入上式后得

$$V_1 = (6-5) \times 0.75 \times 3 \times 10^3 = 2.25 \times 10^3 \quad (mg/s)$$

此有机废水经氧化分解，并使水中溶解氧保持在[DO] = 5 mg/L，假定原废水中不含溶解氧，故所需的氧量为

$$V_2 = q [DO]+q [BOD_5]$$

式中，$q = 105 \text{ m}^3/\text{h} = 0.029 \times 10^3 \text{ L/s}$；$[DO] = 5 \text{ mg/L}$；$[BOD_5]$为允许排入河流的废水的 5 d 生化需氧量（mg/L）。

根据物料平衡关系：$V_1 = V_2$，因此有

$$2.25 \times 10^3 = 0.029 \times 10^3 \times 5 + 0.029 \times 10^3 \cdot [BOD_5]$$

得 $\qquad [BOD_5] = 72.6 \text{（mg/L）}$

根据表 3.6 所示，5 d 生化需氧量的最高排放浓度为$[BOD_5]' = 30 \text{ mg/L}$。

这里，$[BOD_5] > [BOD_5]'$，计算 BOD_5 的处理程度时应采用较小的允许值。因此，废水 BOD_5 所需的处理程度按式（3.4）算得

$$E = \frac{380-30}{380} \times 100\% = 92.1\%$$

第五节　污水处理的基本方法

污水的最终排放出路一般多是水体。为了避免污水的危害，主要的途径是控制污染源、减少污染物质的排放量，并合理利用接纳水体的自净能力对污水进行稀释和净化。当上述控制方法仍不能保证接纳水体免遭污染时，便要将污水在排入水体前进行适当的处理。污水处理的目的，就是通过各种方法将污水中所含有的污染物质分离出来，或将其转化为无害和稳定的物质，从而使污水得到净化。

无论是工厂企业对所排放的污水为达标排放而进行的单独处理，还是城市对各种来源的污水进行集中处理，其基本原理和方法都相同。针对不同污染物质的特性，发展了各种不同的污水处理方法。按其作用原理的不同，可将污水处理的方法归纳为物理法、化学法和生物法。

一、物理法

物理法是利用物理作用来分离和除去污水中主要呈悬浮状态的污染物质，在处理过程中不改变其化学性质。一般的生活污水和工业生产污水，都含有相当数量的悬浮物。由于污水来源广，因此污水中悬浮物含量的变化范围大，从每升几十、几百毫克，到几千甚至几万毫克。物理处理法去除的就是这一类污染物。下面介绍几种物理处理的主要方法。

（一）沉淀法（重力分离法）

沉淀法是利用污水中的悬浮物和水的密度不同的原理，借重力沉降（或上浮）作用，使其从水中分离出来。沉淀处理设施有沉砂池、沉淀池和隔油池等。沉砂池用于分离污水中密度较大的砂粒、灰渣等无机固体颗粒，一般设于沉淀池之前，以减轻沉淀池的负荷。沉砂池很少独立使用。沉淀池可分为普通沉淀池和浅层沉淀池两大类。按照水在池内的总体流向，

普通沉淀池又有平流式（见图3.6）、竖流式（见图3.7）和辐流式（见图3.8）三种形式。浅层沉淀池有斜板沉淀池和斜管沉淀池（见图3.9）。隔油池是用来分离和去除含油废水中浮油的处理构筑物。图3.10是一种波纹斜板式隔油池，水流从上向下，油珠自然上浮，而泥渣则在重力作用下滑落到池底。

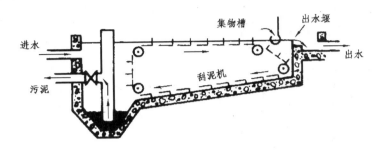

图3.6　平流式沉淀池

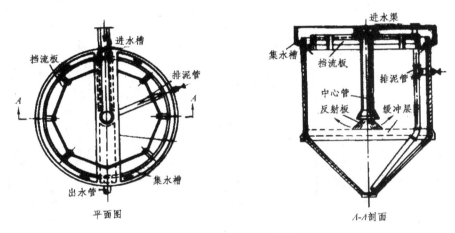

图3.7　竖流式沉淀池

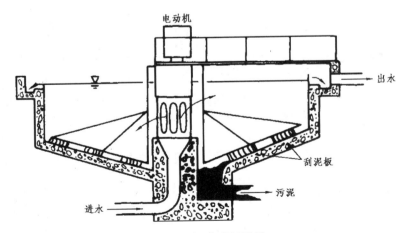

图3.8　辐流式沉淀池

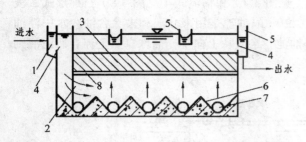

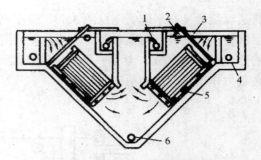

1—配水槽；2—整流墙；3—斜板、斜管体；4—淹没孔口；
5—集水槽；6—污泥斗；7—穿孔排泥管；8—阻流板。

图 3.9 斜板斜管沉淀池

1—出水管；2—集油管；3—格栅；4—进水管；
5—波纹斜板；6—排泥管。

图 3.10 波纹斜板隔油池

（二）气浮法（浮选法）

水体中的部分污染物质，如乳状油和密度近于 $1.0\ \text{g/cm}^3$ 的微细悬浮颗粒等，是难以用自然沉淀或上浮的方法从污水中分离出来的，对这一类污染物质可用气浮法进行处理。

气浮法就是将空气通入污水中，并使其以微小气泡的形式从水中析出成为载体，使污水中的上述污染物质黏附在气泡上，并随气泡浮升到水面，形成泡沫浮渣——气、水、颗粒三相混合体，从而使污染物质从污水中分离出去。按水中气泡产生方法的不同，气浮法可分为布气气浮、溶气气浮和电气浮三类。图 3.11 即为采用气浮工艺处理含油废水的流程。

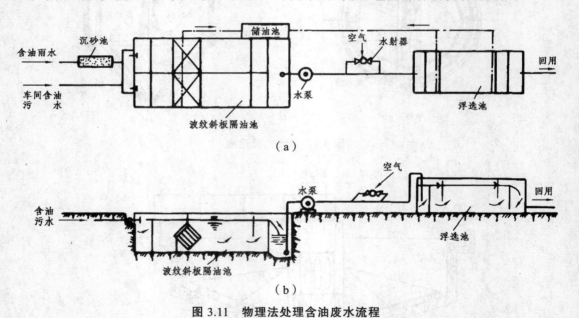

图 3.11 物理法处理含油废水流程

（三）过滤法

过滤是使污水通过滤料（如砂等）或多孔介质（如布、网、微孔管等），以截留水中的细悬浮物，同时通过滤层膜的吸附作用，将水中大部分细菌除去，从而使废水净化的处理法。在污水处理系统中，属于过滤法的处理设备有格栅、滤网、滤池以及微滤机等。

（四）反渗透法

反渗透法是用一种特殊的半渗透膜，在一定的压力下，将水分子压过去，而溶解于水中的污染物质则被膜所截留，被压透过膜的水就是处理过的水。如海水的淡化便多采用这种方法。

（五）离心分离法

离心分离法是使含有悬浮固体（或乳状油）的废水进行高速旋转，由于悬浮固体和废水的质量不同，受到的离心力也将不同，质量大的悬浮固体，被甩到废水的外侧，这样可使悬浮固体、废水分别通过各自的出口排出，悬浮固体被分离，废水得以净化。这种方法被称为离心分离法。按离心力产生的方式，离心分离设备分为旋流分离器和离心机两种。

属于物理法的污水处理技术还有磁分离、蒸发等。

二、化学法

污水的化学处理法是利用化学反应或物理化学作用来分离、回收污水中的溶解性污染物质或胶体物质，或使其转化为无害的物质。属于化学处理法的有以下几种。

（一）中和法

用于去除废水中过量的酸或碱，使其 pH 值达到中性或弱碱性的方法称为中和法。

处理含酸废水以碱为中和剂，而处理碱性废水则以酸作中和剂，被处理的酸与碱主要是无机酸或无机碱。对于中和处理，首先应当考虑以废治废的原则，如将酸性废水与碱性废水互相中和，或利用废碱渣（电石渣、碳酸钙碱渣等）中和酸性废水。在没有这些条件时，才向废水中投加中和剂。

碱性废水的中和处理法有酸性废水中和法、投酸中和法和烟道气中和法三种。由于成本高，投酸中和法很少使用。酸性废水的中和处理法有碱性废水中和法、药剂中和法及过滤中和法三种方式，所采用的中和剂多为石灰、石灰石（$CaCO_3$）、白云石（$MgCO_3 \cdot CaCO_3$）、苏打（Na_2CO_3）、苛性钠（$NaOH$）等。

中和法是一种预处理方法。废水呈酸性或碱性时，必须先进行中和处理，调整水的 pH 值，否则对后续处理不利。中和法并不能去除污染物质，不是单独采用的，而是和其他方法配合使用，图 3.12 是某维尼纶厂废水（硫酸浓度达 1 500 mg/L 左右）处理流程简图。

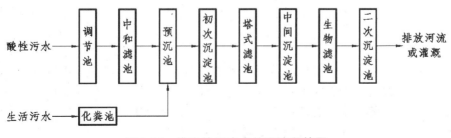

图 3.12　维尼纶厂废水处理流程简图

（二）氧化还原法

加入某种氧化剂或还原剂，使它与污水中呈溶解状态的有机或无机污染物进行氧化还原反应，从而使有害物质转化成无害物质或毒性较小的物质，这种方法称为氧化还原法。

在氧化还原反应中，参加化学反应的原子或离子有电子的得失，因而引起化合价的升高或降低。失去电子的过程叫氧化，得到电子的过程叫还原。把得到电子的物质称为氧化剂，把失去电子的物质称为还原剂。根据有毒有害物质在氧化还原反应中能被氧化或还原的不同，废水的氧化还原法又可分为氧化法和还原法两种。

氧化法是向废水中投加氧化剂氧化废水中的有毒有害物质，使其转变为无毒无害的或毒性小的新物质的方法。在废水处理中常用的氧化剂有：空气中的氧、纯氧、臭氧、氯气、漂白粉、次氯酸钠等。如来源于石油化工厂的含硫废水可用空气氧化法处理，其反应式如下：

$$2HS^- + 2O_2 \longrightarrow S_2O_3^{2-} + H_2O$$

$$2S^{2-} + 2O_2 + H_2O \longrightarrow S_2O_3^{2-} + 2OH^-$$

$$S_2O_3^{2-} + 2O_2 + 2OH^- \longrightarrow 2SO_4^{2-} + H_2O$$

从上述反应可知，在处理过程中，废水中有毒的硫化物和硫氢化物被氧化为无毒的硫代硫酸盐和硫酸盐。

还原法是向废水中投加还原剂，还原废水中的有毒物质，使其转变为无毒的或毒性小的新物质的方法。还原法常用于含铬、含汞废水的处理。常用的还原剂有硫酸亚铁、二氧化硫、亚硫酸盐、氯化亚铁、铁屑、锌粉、硼氢化钠等。来源于电镀厂的含铬废水可以用硫酸亚铁作还原剂，将六价铬还原成三价铬，再进一步加碱生成氢氧化铬沉淀析出，其反应式如下：

$$Cr_2O_7^{2-} + 6Fe^{2+} + 11H_2O \longrightarrow 2Cr^{3+} + 6Fe(OH)_3\downarrow + 4H^+$$

$$2Cr^{3+} + 5Ca(OH)_2 + 4H^+ + 5SO_4^{2-} \longrightarrow 2Cr(OH)_3\downarrow + 5CaSO_4\downarrow + 4H_2O$$

（三）混凝法

水中呈胶体状态的污染物质，通常都带有负电荷，胶体颗粒之间互相排斥形成稳定的混合液，若向水中投加带有相反电荷的电解质（即混凝剂），可使污水中的胶体颗粒失去稳定性，并在分子引力作用下，凝聚成大颗粒而下沉，这种方法称为混凝法。它可用于处理含油废水、染色废水、洗毛废水和生活污水等，常用的混凝剂有硫酸铝、碱式氯化铝、硫酸亚铁、三氯化铁等。

（四）电解法

在废水中插入电极，并通以电流，污水中的有毒物质在阳极或阴极进行氧化还原反应，结果产生新物质。这些新物质在电解过程中或沉积于电极表面，或沉淀在槽中，或生成气体从水中逸出，从而降低污水中有毒物质的浓度，像这样利用电解的原理来处理污水中有毒物质的方法称为电解法。目前，电解法主要用于处理含铬和含氰废水。

属于化学法的污水处理技术还有萃取法、吹脱法、吸附法、电渗析法等。

三、生物法

自然界存在着大量依靠有机物生存的微生物，它们具有氧化分解有机物并将其转化为无机物的功能。生物法就是利用这一功能，并采取一定的人工措施，创造有利于微生物生长、繁殖的环境，使微生物大量增殖，以提高微生物氧化分解有机物的效率的一种废水处理方法。

微生物的种类繁多，以细菌的分解力最强。根据不同种类的细菌，生物处理分为好氧生物处理与厌氧生物处理。借助好氧菌在有氧条件下氧化分解有机物，称为好氧生物处理；相反，在无氧条件下借助厌氧菌分解有机物，称为厌氧生物处理。好氧生物处理法主要去除废水中溶解性和胶体性有机物，同样也可有效地处理某些含酚、腈、醛等有毒物质的工业废水。厌氧生物处理主要用来处理有机污泥和高浓度有机废水。

（一）好氧生物法

图 3.1 简单地说明了好氧生物处理的机理。好氧微生物以污水中各种有机物作为营养物质，在有氧的条件下，将其中一部分有机物合成新的细胞质（原生质）；对另一部分有机物则进行分解代谢，即氧化分解以获得合成新细胞所需要的能量，并最终形成 CO_2、H_2O 等稳定物质。在氧化和合成的同时，有部分细胞质会被氧化分解，同时释放出能量，这个过程叫细菌的自身氧化或内源呼吸。当污水中有机物充足时，细胞质大量被合成，而自身氧化不明显；当污水中有机物被耗尽时，自身氧化就成为细菌生命活动所需能量的主要来源。

好氧生物法主要有活性污泥法、生物膜法，另外还有生物氧化塘、污水灌溉、土地处理系统等方法。

1. 活性污泥法

向生活污水中注入空气进行曝气，并持续一段时间以后，污水中即生成一种絮凝体，它主要是由大量繁殖的微生物群体所构成，且易于沉淀分离，并使污水得到澄清，这就是"活性污泥"。以活性污泥为主体的生物处理法即为活性污泥法。图 3.13 所示为其基本流程。流程中，需处理的污水与回流的活性污泥同时进入曝气池，成为混合液，沿着曝气池注入压缩空气进行曝气，使污水与活性污泥充分混合接触，并供给混合液以足够的溶解氧，在好氧状态下，污水中易降解的有机物被活性污泥中的微生物群体分解而得到稳定，然后混合液流入二次沉淀池（简称二沉池），在其中，活性污泥与澄清水进行分离，污泥沉入底部浓缩后，一部分回流到曝气池，像接种一样与进入的污水混合，多余的污泥，即剩余污泥（来自微生物的增殖）则排走，进一步予以消化处理，澄清水溢流排放。在这个流程中，曝气池和二次沉淀池是主要的构筑物，因此称它们为活性污泥法系统。污水经过这个系统，得到了无害化处理。

图 3.13　活性污泥法的基本流程

在该系统中，不断向曝气池注入空气是为了向微生物提供呼吸氧气以及供污泥、污水互相混合搅拌之需。这样，微生物处于好氧状态并与周围的营养物质充分、均匀地接触，使得生化过程沿着曝气池从进口到出口正常进行。图 3.14（b）所示是一个实际工程的曝气池。

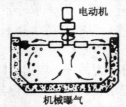

（a）曝气池工作原理示意图

（b）实际曝气池

图 3.14　曝气池

活性污泥法是城市污水和有机性工业生产污水的有效生物处理法。它首先由英国学者阿登（E. Arden）和洛基特（W. T. Lockett）于 1914 年开创，至今已有 100 多年的历史。随着生产上的应用和不断改进，目前它已得到很大的发展。活性污泥法实质上是模拟了自然界中水体的自净过程，只是人为地将微生物群体悬浮于曝气池的水流中，使之与有机污染物不断接触，通过微生物的新陈代谢活动，废水中的有机污染物质被去除。这里，曝气池作为一个生化反应器，通过回流新鲜污泥及排出剩余污泥，保持着一定的微生物量，去接纳允许进入反应器的有机污染物质。此外，二沉池作为活性污泥法系统中的一个重要组成部分，进行着固、液分离，提供曝气池所需的回流污泥量，与曝气池紧密联系，成为一个系统而共同运行。图 3.15 是以活性污泥法为主的处理有机废水的工艺流程。

活性污泥法经不断发展已有多种运行方式，如传统活性污泥法、阶段曝气法、生物吸附法、完全混合法、延时曝气法、纯氧曝气法、深井曝气法、二段曝气法（AB 法）、缺氧/好氧活性污泥法（A/O 法）、序批式活性污泥法（SBR 法）、氧化沟法以及曝气生物滤池法（BAF法）等，后三种方法见本章第六节。

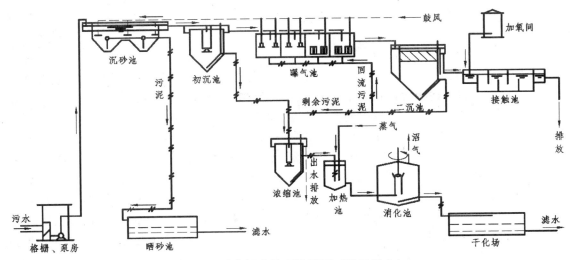

图 3.15　城市污水处理流程图（机场污水）

尚需指出，活性污泥法是水体自净的人工化，要充分发挥活性污泥微生物的代谢作用，就必须创造有利于微生物生长、繁殖的良好条件，如提供合适的温度、pH 值、营养物质、溶解氧等能使微生物旺盛生长的条件，防止对微生物生长有抑制和毒害作用的物质侵入，以强化微生物的净化功能，使生物处理能正常进行。

2. 生物膜法（生物过滤法）

使细菌和菌类等微生物和原生动物、后生动物等微型动物在固体填料（如碎石、炉渣或塑料蜂窝）上生长繁育，形成膜状生物性污泥（即生物膜），通过与污水接触，生物膜上的大量微生物会吸附和降解水中的有机污染物，从填料上脱落下来的衰死生物膜随污水流入沉淀池，经沉淀分离，污水得以净化，这种生物处理法称为生物膜法。它不同于活性污泥法之处在于微生物固着生长于滤床填料的表面，故它又称为固着生长法。与此相对，活性污泥法又称为悬浮生长法。

生物膜的构造如图 3.16 所示。从图中可以看到，在生物膜内、外，生物膜与水层之间进行着多种物质的传递过程。空气中的氧溶解于流动水层中，通过附着水层传递给生物膜，供微生物用于呼吸；污水中的有机污染物，由流动水层传递给附着水层，然后再进入生物膜，并通过细菌的代谢活动而被降解。这样就使流动水层在其不断地流动过程中逐步得到净化。微生物的代谢产物（如 H_2O 等）通过附着水层进入流动水层，并随其排走，而 CO_2 及厌氧层分解产物（如 H_2S、NH_3 及 CH_4 等）则从水层逸出进入空气中。

生物膜法是人们模仿土壤的自净过程而创造出来的，一个世纪前就已被人们应用于污水的生物处理。目前，应用生物膜法的处理构筑物已有多种，如生物滤池（包括普通生物滤池、

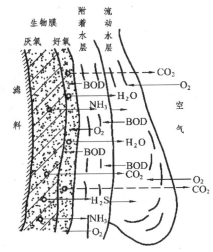

图 3.16　生物膜构造剖面示意图

高负荷生物滤池和塔式生物滤池等）、生物转盘、生物接触氧化以及生物流化床等。

（二）厌氧生物法

厌氧生物法过去主要用于处理城市污水处理厂污泥。由于废水好氧生物处理一般需要消耗较大的动力，且基建费用也很高。因此，各国正在把厌氧生物处理法，不仅用于处理高浓度有机污泥和有机废水，而且用于处理中浓度和低浓度的城市污水。

溶解性有机物在厌氧条件下降解的过程可分为两个阶段，即酸性发酵阶段和碱性发酵阶段，又称产酸阶段和产甲烷阶段，如图 3.17 所示。在酸性发酵阶段，污水中复杂的有机物在产酸细菌的作用下分解成较简单的有机物，如有机酸和醇类以及 CO_2、NH_3、H_2S 等。由于有机酸的形成与积累，污水的 pH 值下降，这时的有机物厌氧分解是在酸性条件下进行的。此后，由于有机酸和溶解性含氮化合物的分解，以及 NH_3 对有机酸的中和作用，污水的 pH 值又回升，这时，甲烷菌开始活动，把第一阶段的分解产物（有机酸和醇类）分解成甲烷（CH_4）和 CO_2。随着有机酸的迅速分解，pH 值上升较快，故厌氧分解的第二阶段是在碱性条件下进行的。由于甲烷菌生长缓慢，对环境的变化如 pH 值、温度、重金属离子等较产酸菌敏感得多，所以碱性发酵阶段控制了整个厌氧分解的速度。因此，整个发酵过程中必须维持有效的碱性发酵条件。

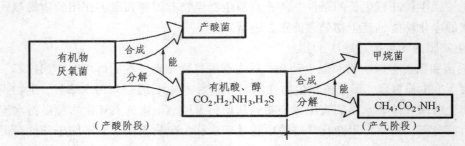

图 3.17　有机物厌氧分解过程示意图

与好氧生物法相比，厌氧生物处理工艺的优点是：由于不需另加能源（好氧生物处理要加氧源），故运转费用低，并且可回收利用生物能——沼气（甲烷），剩余污泥亦比好氧生物处理少得多。厌氧生物处理的主要缺点在于其反应速度缓慢，致使处理时间长，反应器容积较大。但从节能、开发能源的角度看，厌氧法处理污水，尤其是处理高浓度有机污水（$BOD_5 \geqslant 2\,000$ mg/L）是很有发展前途的。需要指出的是，在厌氧生物处理中，有机污水的碳元素大量转化为 CH_4 和 CO_2，氮元素转化为氨气（NH_3），硫元素转化为硫化氢（H_2S），而 NH_3 和 H_2S 以及一些中间产物（如硫醇等）都有恶臭，为此，厌氧生物处理过程应在密闭的反应器中进行。

厌氧生物法主要有厌氧接触法、厌氧污泥床、厌氧生物膜法、两相厌氧生物处理法等。

1. 厌氧接触法

厌氧接触法的处理设备有污泥消化池（又称普通消化池）和厌氧接触池（又称厌氧池），它们的处理工艺见图 3.18。由图中可看出，厌氧接触工艺是普通消化池（即厌氧池）的改进，主要是有了污泥回流，厌氧池中的污泥浓度得到控制和保证，从而使反应器的容积负荷率有所提高。当反应器中能保持较高的污泥浓度时，就会具有一定的耐冲击负荷能力，使得运行较稳定。

在厌氧接触法处理系统中，一个重要的问题是如何在沉淀池中实现固、液稳定分离，以保证所需的污泥回流。因为厌氧池排出的混合液含有大量污泥，其上吸附着微小的沼气泡，并在流动中还可能继续产气，致使随后的固、液分离过程往往难以取得满意的效果，甚至有相当一部分漂泥浮在水面，或随水流排出。为此，在厌氧接触池和沉淀池之间，可设置如图3.18所示的真空脱气器，对混合液进行脱气预处理，以改善固、液分离效果，防止沉淀池中出现漂泥现象。

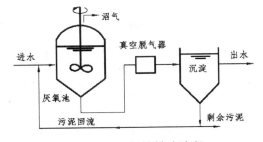

图 3.18　厌氧接触法流程

2. 厌氧污泥床

在厌氧生物处理中，由于无需供氧，反应速率不存在受氧转移速率控制的问题，故为了提高反应器的处理能力，主要是解决如何使反应器具有更高微生物浓度的问题。为此，国内外不少学者都致力于这方面的研究和开发，以获得一种处理能力高和处理效果好的厌氧处理设备。而上流式厌氧污泥床 UASB（Upflow Anaerobic Sludge Blanket）正是为了满足这方面的要求而研究开发的一种新型反应器。

UASB 反应器（Reactor）是由荷兰农业大学 G·莱廷格（G. Lettinga）教授及其同事们于 20 世纪 70 年代（1974—1978 年）首先研制成功，其处理工艺如图 3.19 所示。

UASB 反应器由三部分组成，即污泥层区（颗粒污泥层）、悬浮层区（悬浮污泥层）和三相分离区。其中的污泥层和悬浮层又称污泥床。该密闭反应器中的工作主体为一具有大量微生物群的有机污泥床，有机污水由床底部进入，在向上通过高浓度污泥床的过程中，废水中的有机底物与厌氧微生物（甲烷菌）接触，在厌氧发酵条件下，底物（BOD）被降解去除，同时产生沼气。在反应器上部设有气、液、固三相分离器，使得沼气

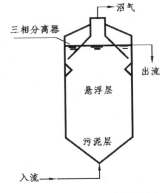

图 3.19　上流式厌氧污泥床

（CH_4）可自顶部集气罩引出，出流中挟带出来的污泥颗粒仍由该分离器底部回流入污泥床，经过三相分离器后的出流则由该设施的上部排出。

UASB 反应器具有如下特点：厌氧分解、脱气、沉淀三个作用结合在一起；反应器上部设有三相分离器，可以自动回流污泥和分离气、水，并可收集生物能量（CH_4）；反应器不设搅拌装置，节省运转能源，其污泥的搅拌混合作用是依靠厌氧分解过程中释放出的向上浮动的微小沼气泡，但有时对污泥搅拌不充分会使床中可能出现污水短流；反应器的工作负荷［其容积负荷率高达 15～40 kgCOD/（$m^3·d$）］较高，处理效果好（COD 去除率可达 80%），但污泥床的缓冲能力较小，对入流水质和负荷变化要求相对稳定。

UASB 是一种新型的厌氧反应器，已有几十年的发展历史，其处理成效的关键主要取决于生物系统（如颗粒污泥的培养）、水力系统（如入流的补液系统）和结构系统（如三相分离器的形式）的优化。目前，各国学者都在进行开发研究。

UASB 反应器已被广泛用于处理有机废水（如肉联厂废水、酿酒工业废水等）。近年来，我国不少研究单位（如北京市环保工程研究所、西南交通大学及同济大学等单位）应用厌氧污泥床工艺对高浓度有机废水进行处理研究已取得了不少成果。

3. 厌氧生物膜法

属于该法的处理设施很多，如厌氧过滤床、厌氧膨胀床、厌氧流化床、厌氧生物转盘等。

厌氧过滤床的构造类似于一般的生物滤池。池中放置填料，池顶密封，废水从池底进入，从池顶流出，填料被淹没在水中。由于微生物附于池壁和填料上，不随水流出，因而反应器中微生物量很多，可得到较满意的处理效果。厌氧过滤床的主要缺点是易产生堵塞，故主要适宜于处理可溶性有机物的污水。

厌氧膨胀床内装有一定量的细颗粒载体，其表面由细菌组成生物膜，废水从底部流入，颗粒呈膨胀流化状。这种反应器具有较好的传质条件，细菌具有较高的活性，即使温度较低，也可有效地处理低浓度废水。

厌氧流化床反应器的内部充填着粒径很小的挂膜介质，当其表面长满微生物时，称为生物颗粒。该反应器能提供厌氧微生物附着的比表面积高达 3 300 m^2/m^3，其有机悬浮固体浓度可达 60 g/L，对毒物及有机物负荷的变化有较强的适应能力。

厌氧生物转盘与好氧生物转盘大致相同，只是它完全淹没在废水中。厌氧微生物生活在旋转的盘面上，同时在废水中还可保持一定数量的悬浮态厌氧污泥。这种转盘旋转的盘片可促进有机物与微生物充分接触，并可防止堵塞。

4. 两相厌氧生物处理法

该法仅有 30 多年的发展历史，在国外多用于制糖、酿酒、食品加工、造纸等工业废水的处理。在厌氧生物处理中，参与厌氧消化的微生物主要有产酸菌和甲烷菌两大类群。但这两类细菌的生理特性及其对环境条件的要求很不一致：产酸菌繁殖快、对 pH 值、温度等环境条件的变化适应性强；甲烷菌繁殖慢，对环境条件要求较苛刻。为了让这两类细菌分别获得各自生长的最佳环境条件，人们提出了这样一个设想，即：将有机物的酸化和气化过程分别在两个独立的反应器中进行，这就是通常所称的两相厌氧生物处理法或称两步厌氧生物处理法，其处理工艺流程如图 3.20 所示。

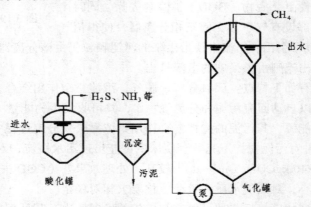

图 3.20 两相厌氧处理法工艺流程

以上三大类污水处理方法是按作用原理不同而区分的，它们都有各自的特点和适用条件。在实际污水处理中，它们往往要配合使用，不能奢望只用一种方法就能把所有的污染物质都达标处理。

第六节　城市污水生物处理新工艺

长期以来，城市污水处理大多以去除有机物和悬浮固体为目标，并不注重对氮、磷等营养物质的去除。随着排放污水中的氮、磷等营养物质的不断增加，水体的富营养化现象越来越受到人们的关注。我国颁布实施的《污水综合排放标准》（GB 8978—1996）中严格规定了适用于所有排污单位的磷酸盐和氨氮的排放标准（见表3.6）。

近六七十年，国内外陆续研究开发出一系列能同时有效去除有机物和氮、磷等污染物质的生物处理新工艺，其中广泛应用的有：氧化沟污水生物处理工艺、SBR污水生物处理工艺以及BAF污水生物处理工艺。

一、氧化沟污水生物处理工艺

氧化沟（Oxidation Ditch）污水处理工艺是由荷兰卫生工程研究所在20世纪50年代研制成功的。该工艺属于活性污泥法范畴。

氧化沟呈封闭的沟渠形，污水和活性污泥的混合液在其中进行不断地循环流动，因此又被称作"环形曝气池"，"无终端的曝气系统"。氧化沟工艺既能用于生活污水的处理，也能用于工业废水和城市污水的处理。经过多年的实践和发展，氧化沟技术被认为是出水水质好、管理方便、运行稳定可靠、运行成本低的污水生物处理方法，特别是其封闭循环式的池型比较适用于污水的脱氮除磷，因而日益受到人们的重视并逐步得到广泛应用。20世纪60年代以来，氧化沟技术在欧洲、北美、南非、大洋洲等地得到了迅速的推广和应用。据统计，丹麦已兴建了300多座氧化沟污水处理厂，美国有500多座氧化沟污水处理厂，英国也兴建了300多座这样的污水处理厂。我国自20世纪80年代以来也较多地开展了对氧化沟工艺的研究，并设计建造了一批氧化沟污水处理厂。

氧化沟处理系统具有不同的构造形式和运行方式，如图3.21所示。由图可见，氧

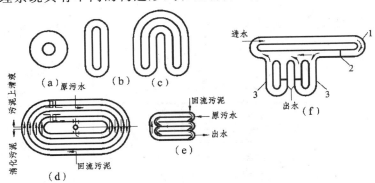

（a）圆形；（b）椭圆形；（c）马蹄形；（d）同心椭圆或圆形；（e）平行多渠形；（f）以侧渠作二沉池的合建型；
1—氧化沟曝气池；2—曝气器；3—侧渠。

图 3.21　常见的氧化沟构造形式

化沟可以呈圆形、椭圆形或马蹄形等；可以是单沟或多沟系统；多沟系统可以是一组同心的相互连通的沟渠，也可以是互相平行、尺寸相同的一组沟渠；有与二沉池分建的，也有合建的氧化沟；合建的氧化沟又有体内式船型沉淀池和体外式、侧沟式沉淀池等。多种多样的构造形式赋予了氧化沟灵活多变的运行方式，以下介绍几种常用的典型的氧化沟系统。

（一）卡鲁塞尔（Carrousel）氧化沟

卡鲁塞尔氧化沟是 20 世纪 60 年代末由荷兰 DHV 公司研制开发出来的，在世界各地得到了广泛应用。其构造如图 3.22 所示。

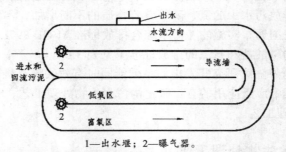

1—出水堰；2—曝气器。

图 3.22　卡鲁塞尔（Carrousel）氧化沟

由图可知，这是一个多沟串联系统。进水与活性污泥混合后沿箭头方向在沟内不停地循环流动。卡鲁塞尔氧化沟采用垂直安装的低速表面曝气器，每沟渠的一端各安装一个，靠近曝气器下游区段为好氧区，处于曝气器上游和外环区段为缺氧区，混合液交替处于好氧、缺氧状态，因而相继进行硝化和反硝化过程。在好氧区段，有机物被降解，氨氮在硝化菌的作用下被转化为硝酸盐氮；在缺氧区段，原污水中的有机物可作为反硝化菌的碳源，硝酸盐被反硝化菌还原而放出氮气。这种水流特征不仅为生物脱氮提供了良好的条件，而且有利于生物絮凝，使活性污泥易于沉淀。卡鲁塞尔氧化沟的 BOD_5 去除率可达 95%～99%，脱氮效率约为 90%，除磷效率约为 50%。

（二）奥贝尔（Orbal）氧化沟

奥贝尔氧化沟是由南非的 Huisman 提出的，后来这项技术被转让给美国 Envirex 公司加以推广。

奥贝尔氧化沟的构造如图 3.23 所示。它是由多个同心的椭圆形或圆形沟渠组成，污水与

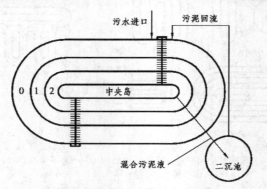

图 3.23　奥贝尔（Orbal）氧化沟

回流污泥均进入最外一条沟渠，在不断循环的同时，依次进入下一个沟渠，最后从内沟渠排出，这相当于一系列完全混合反应池串联在一起。

奥贝尔氧化沟的曝气设备采用曝气转盘，水深可达 3.5～4.5 m，并保持沟底流速 0.3～0.9 m/s。常用的奥贝尔氧化沟分为三条沟渠，外沟渠的容积约为总容积的 60%～70%，中沟渠容积约为总容积的 20%～30%，内沟渠容积仅占总容积的 10%。在运行时，外、中、内沟渠的溶解氧应分别为厌氧、缺氧、好氧状态，使溶解氧保持较大梯度，以利于提高充氧效率，同时也有利于有机物的去除和脱氮除磷。

（三）交替式氧化沟

交替式氧化沟是由丹麦 Kruger 公司创建的，有二池和三池交替工作两种情况。

二池交替工作的氧化沟将曝气沟渠分为 A、B 两部分，利用定时改变曝气转刷的旋转方向，来改变沟渠中的水流方向，使 A、B 两部分交替作为曝气区和沉淀区，故无需另设二沉池。当沉淀区变为曝气区运行时，已沉淀的污泥会自动与水混合，因此不需设置污泥回流装置。二池交替式氧化沟主要用于去除有机物。

三池式氧化沟是 Kruger 公司开发的生物脱氮新工艺，其结构如图 3.24 所示。该系统由三个相同容积的沟槽串联组成，两侧的 A、C 池交替作为曝气池和沉淀池，中间的 B 池一直为曝气池。原污水交替地从 A 池或 C 池进入，处理出水则相应地从作为沉淀池的 C 池或 A 池引出，这样提高了曝气转刷的利用率，还有利于生物脱氮。三池式氧化沟的脱氮是通过双速电机来实现的，曝气转刷具有混合与曝气的双重功能。当处于反硝化阶段时，转刷低速运转，污泥保持悬浮状态，而池内处于缺氧状态，好氧和缺氧阶段完全由改变转刷转速进行自动控制。

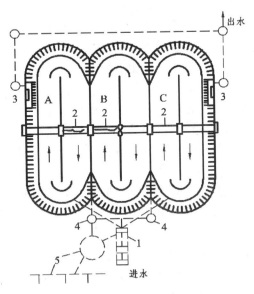

1—沉砂池；2—曝气转刷；3—出水溢流堰；4—排泥井；5—污泥井。

图 3.24　三池交替工作氧化沟系统（T 形）

三池式氧化沟的基本运行过程可分为 6 个阶段，如图 3.25 所示。

阶段	A	B	C	D	E	F
时间/h	1.5	1.5	1.0	1.5	1.5	1.0

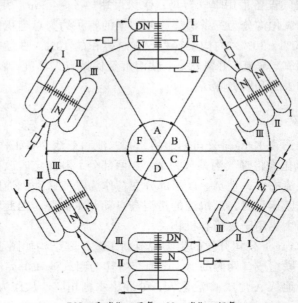

DN=反硝化、厌氧；N=硝化、好氧。

图 3.25 三池交替工作氧化沟系统的运行过程

阶段 A，进水引入 I 池，出水自Ⅲ池引出。三个池的工作状态分别为：I 池处于缺氧状态，进行反硝化及有机物的部分降解；Ⅱ池处于好氧状态，进行有机物的进一步降解及氨氮的硝化作用；Ⅲ池处于闲置状态，仅用作沉淀池。

阶段 B，进水引入Ⅱ池，出水自Ⅲ池引出。I 池、Ⅱ池均处于好氧状态，都进行有机物的降解和氨氮的硝化过程；Ⅲ池仍为沉淀池。

阶段 C，进水引入Ⅱ池，出水自Ⅲ池引出。I 池转变为静置沉淀状态；Ⅱ池处于缺氧状态，进行反硝化作用；Ⅲ池仍为沉淀池。

阶段 D，进水引入Ⅲ池，出水自 I 池引出。Ⅲ池处于缺氧状态，进行反硝化及有机物的部分降解；Ⅱ池处于好氧状态，进行有机物的进一步降解及氨氮的硝化作用；I 池处于闲置状态，仅用作沉淀池。显然，阶段 D 与阶段 A 相类似，所不同的是反硝化发生在Ⅲ池，而沉淀发生在 I 池。

阶段 E，进水引入Ⅱ池，出水自 I 池引出。Ⅲ池、Ⅱ池均处于好氧状态，都进行有机物的降解和氨氮的硝化过程；I 池仍为沉淀池。显然，阶段 E 与阶段 B 相对应，所不同的是两个外沟的功能相反。

阶段 F，进水引入Ⅱ池，出水自 I 池引出。Ⅲ池转为泥水分离状态；Ⅱ池处于缺氧反硝化状态；I 池仍为沉淀池。阶段 F 与阶段 C 相对应，所不同的是两个外沟的功能相反。

整个工作周期为 8 h，上述各阶段的工作时间可根据水质情况进行调整。三沟式氧化沟就是一个 A/O 活性污泥系统，可完成有机物的降解和硝化、反硝化过程，取得良好的 BOD_5 去除和脱氮效果，并具有一定的除磷效果。同时，依靠三池工作状态的转换，免除了污泥回流和混合液回流，使运行费用大大降低。

（四）一体化氧化沟

一体化氧化沟又称合建式氧化沟，它集曝气、沉淀、泥水分离和污泥回流功能于一体，无需另建二沉池，是 20 世纪 80 年代初由美国开发出来的。

固液分离器是一体化氧化沟的关键技术设备，可分为外置式和内置式两种。实质上，外置式固液分离器利用了平流沉淀池的分离原理，而内置式固液分离器则利用了竖流沉淀池和斜板沉淀池的工作原理。

外置式固液分离器有中心岛式和侧沟式固液分离器，如图 3.26 所示。图中两座侧沟作为二次沉淀池，并交替运行和交替回流污泥，这种沉淀装置不会使沟断面和沟内的正常流动

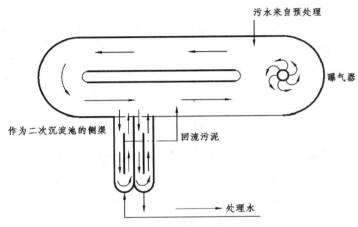

图 3.26　侧沟式一体化氧化沟

受到剧烈地影响，水利条件较好。内置式固液分离器有船式分离器和 BMTS 沟内分离器，如图 3.27 所示。这两种分离器横跨在整个沟断面上，在沉淀区的两侧设隔墙，并在其底部设一排导流板，同时在水面设穿孔集水管，以收集澄清水。氧化沟内的混合液从沉淀区的底部流过时，向上流过分离器进行固液分离，沉淀下来的污泥自动滑回氧化沟中。

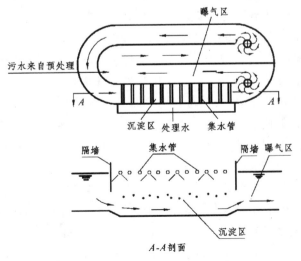

图 3.27　内置式一体化氧化沟

二、SBR 污水生物处理工艺

序批（间歇）式活性污泥法（Sequencing Batch Reactor Activated Sludge Process），简称 SBR 活性污泥法，是近年来受国内外广泛重视的废水生物处理工艺之一。

SBR 活性污泥法是将初沉池出流水引入 SBR 反应器中，按时间顺序进行进水、反应（曝气）、沉淀、出水、闲置等基本操作。从污水流入 SBR 反应器到闲置结束为一个操作周期，这种操作周期周而复始反复进行，以达到不断进行污水处理的目的。在一个操作周期中，各个阶段的运行时间、反应器内混合液体积的变化以及运行状态等都可根据污水性质、出水水质与运行功能要求等灵活掌握。

SBR 活性污泥法的运行工况是以间歇操作为主要特征。所谓序批（间歇）式有两层含义：一是运行操作在空间上是按序排列、间歇的，由于污水大都是连续排放且流量波动很大，这时 SBR 反应器至少为两个或多个，污水按顺序连续进入每个 SBR 反应器，它们运行时的相对关系是有次序的、间歇的；二是每个 SBR 反应器的运行操作，在时间上也是按序排列的、间歇的。

SBR 活性污泥法的工作机理在不同的运行阶段有所不同，具体描述如下：

进水期是反应器接纳污水的过程。由于充水开始之前是上一个周期的闲置期，沉淀后上清液已排放，所以此时的反应器中剩有高浓度的活性污泥混合液，相当于传统活性污泥法中污泥回流的作用。充水期内 SBR 池相当于一个变容反应器，污染的浓度逐步增大，直至充水期结束，曝气池充满，污染物浓度达到最大值。在污水的投加过程中，SBR 反应器内也同时存在着污染物的混合及污染物被活性污泥吸附和氧化等作用。随着污染物浓度的不断提高，这种吸附和氧化作用也随之加快。充水所需时间随处理规模和反应器容积的大小及被处理污水的水质而定。

反应期是在进水期结束后或 SBR 反应器充满水后，进行曝气或搅拌以达到去除 BOD、脱氮除磷的目的。在反应阶段，通过不同的控制手段，反应器很容易实现好氧、缺氧与厌氧状态交替的环境条件，使其不仅具有良好的有机物处理效能，而且具有良好的脱氮除磷效果。在好氧条件下，有机物在好氧菌的作用下迅速得到降解，硝化菌将氨氮氧化为硝态氮，聚磷菌将污水中的溶解性磷吸收，合成聚磷酸盐储于体内；在缺氧条件下，硝态氮在反硝化菌的作用下被还原成氮气；在厌氧条件下，聚磷菌将储于体内的聚磷酸盐分解，并以溶解态单磷酸盐的形式释放出磷。由于 SBR 法在时间上的灵活控制，很容易在好氧条件下增大曝气量、反应时间与污泥泥龄，促使硝化反应与聚磷菌过量摄取磷过程的顺利完成。也可在缺氧条件下以投加污水或提高污泥浓度等方式，使反硝化过程更快地完成。还可以通过搅拌维持厌氧状态，促进聚磷菌充分地释放磷。

沉淀工序相应于传统活性污泥法的二沉池，在停止曝气和搅拌后，活性污泥絮体进行重力沉降和上清液分离。SBR 工艺中污泥的沉降过程是在相对静止的状态下进行的，因而受外界的干扰甚小，具有沉降时间短、沉淀效率高的优点。沉淀时间一般为 1～2 h。

排水排泥期排出活性污泥沉淀后的上清液，反应池底部沉降的活性污泥大部分作为下个处理周期的菌种，过剩污泥被引出排放。另外，反应池中还剩下一部分处理水，起循环水和稀释水的作用。

闲置期的作用是通过搅拌、曝气或静置使活性污泥上的微生物恢复活性，并起到一定的反硝化作用而进行脱氮，为下一个运行周期创造良好的初始条件。

传统的 SBR 工艺早在 20 世纪 20 年代便在欧洲出现。由于当时的自动监控水平低，阻碍了该工艺的推广应用。随着计算机和自动控制技术的飞速发展，解决了 SBR 法间歇操作中的复杂问题，使该工艺的优势得到了逐步充分的发挥。近二三十年，SBR 工艺在设计和运行中，根据不同的水质条件、出水要求和运行改进，有了许多新的发展，产生了许多新的变型，以下介绍几种主要的 SBR 工艺的最新形式。

（一）ICEAS 工艺

ICEAS（Intermittent Cyclic Extended Aeration System）工艺是间歇循环延时曝气活性污泥法的简称。该工艺是澳大利亚新南威尔士大学和美国的 Goronszy 教授在 20 世纪 80 年代初开发出的 SBR 变型。ICEAS 反应池的构造如图 3.28 所示。

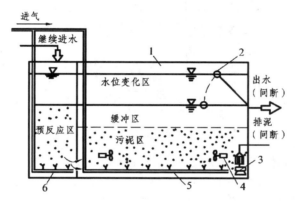

1—主反应区；2—滗水器；3—污泥泵；4—水下搅拌器；
5—微孔曝气器；6—大气泡扩散器。

图 3.28　ICEAS 反应池构造简图

ICEAS 与传统的 SBR 相比，最大的特点是在反应器的进水端增加了一个预反应区，运行方式为连续进水（沉淀期和排水期仍保持进水）、间歇排水，没有明显的反应阶段和闲置阶段。该工艺在处理市政污水和工业废水时比传统的 SBR 工艺费用更低、管理更方便。但是，由于进水贯穿于整个运行周期的各个阶段，影响沉淀期的泥水分离时间，使进水量受到一定限制。

（二）DAT-IAT 工艺

DAT-IAT 工艺的主体构筑物由两个串联的反应池组成，即需氧池（DAT，Demand Aeration Tank）和间歇曝气池（IAT，Intermittent Aeration Tank）组成。一般情况下，DAT 池连续进水、连续曝气，其出水进入 IAT 池，在此可完成曝气、沉淀、排水和排出剩余污泥工序，其典型的工艺流程如图 3.29 所示。DAT-IAT 工艺克服了 ICEAS 工艺的缺点，将预曝区 DAT 和主体间歇反应区 IAT 分开设立，使反应器 IAT 在沉淀阶段不受进水的影响。

图 3.29　DAT-IAT 工艺流程图

（三）CASS（CAST，CASP）工艺

CASS（Cyclic Activated Sludge System）或 CAST（Cyclic Activated Sludge Technology）或 CASP（Cyclic Activated Sludge Process）工艺全称为循环式活性污泥法，是由美国的 Goronszy 教授开发而成的，其构造如图 3.30 所示。

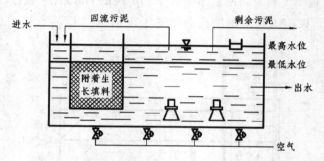

图 3.30　CASS 反应器的工艺构造

与传统的间歇反应器不同，CASS 反应器至少由两个区域组成，即生物选择区和主反应区，也可在主反应区前设置一兼氧区。生物选择区设置在反应器的进水处，生物选择器是按照活性污泥种群组成动力学的规律而设置的，创造合适的微生物生长条件并选择出絮凝性细菌。在生物选择区内，主反应区的回流污泥与进水混合，利用活性污泥的快速吸附作用加速去除溶解性底物，并对难降解的有机物进行水解，同时使污泥中的磷在厌氧条件下有效释放。兼氧区具有对进水水质水量变化进行缓冲的作用，同时还具有促进磷的进一步释放和强化硝态氮的反硝化作用。主反应区则是最终去除有机物的主要场所。

CASS 反应器具有良好的污泥沉淀性能和脱氮除磷作用，同时其工艺流程简单，布置紧凑，占地少。目前，该工艺已广泛用于城市污水和各种工业废水的处理，全世界有 300 多座不同规模的 CASS 污水处理厂正在运行或建造中，美国、加拿大、澳大利亚等国已有 270 多家城市污水处理厂应用此工艺，我国也开始采用 CASS 工艺处理城市污水。

（四）UNITANK 工艺

UNITANK 系统称为一体化活性污泥工艺（United Tank），它是由比利时 SEGHERS 公司提出的，有单级和多级之分，以下主要介绍单级 UNITANK 工艺。

UNITANK 反应器的结构如图 3.31 所示。其外形为一矩形体，里面被分割成三个相等的矩形单元池，相邻单元池之间的公共墙上开孔，以使单元池之间彼此水利贯通。三个单元池均配有曝气扩散装置，外侧的两个单元池既可作曝气池，也可作沉淀池，同时还设有出水堰及剩余污泥排放口，用于排水和排放剩余污泥，中间的单元池始终用作曝气池。污水可通过阀门控制进入任意一个单元池。

UNITANK工艺主要有两种运行方式，即好氧与脱氮除磷处理。

图3.32为好氧运行过程。原污水首先进入左侧池内，在曝气的同时，有机物被具有较高吸附力的活性污泥降解；混合液自左向右进入中间曝气池，有机物得到进一步降解。同时，在水流的推动下，污泥也从左侧池进入中间池，再进入右侧池；混合液进入右侧池，停止曝气，经沉淀后，泥水分离，上清液通过溢流堰排放，剩余污泥则由底部排出。第一个运行阶段结束后，通过短暂的过渡段，即进入第二个主体运行阶段。第二个运行阶段与第一个运行阶段的水流方向相反，操作过程相同。

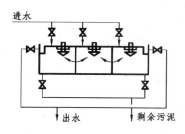

图3.31　UNITANK工艺示意图

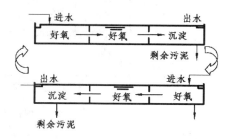

图3.32　好氧UNITANK的运行过程

图3.33为UNITANK工艺脱氮除磷的运行过程。污水交替进入左侧池和中间池，在左侧池进行缺氧搅拌，实现反硝化脱氮，并释放污泥中的磷。中间池在曝气运行时，去除有机物，进行硝化及吸收磷；中间池在进水搅拌时，进行反硝化脱氮，并自左向右推进污泥。右侧池作为沉淀池进行泥水分离。在进入第二个主体运行阶段之前，污水只进入中间池，左侧池只进行曝气以尽可能完成硝化反应，停止曝气后，转为沉淀池。进入第二个主体运行阶段后，污水从右向左流，运行过程与第一阶段相同。

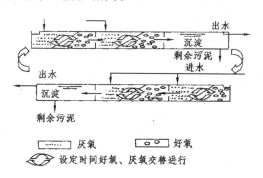

图3.33　UNITANK脱氮除磷的运行过程

UNITANK系统集中了SBR、传统活性污泥法和"三池式氧化沟"的优点，克服了SBR间歇进水，"三池式"占地大和"传统法"设备多的缺点，投资省，管理简便，近20多年来，世界上已有200多个污水处理厂成功地应用了该项技术。

（五）MSBR工艺

MSBR（Modified Sequencing Batch Reactor）工艺全称为改良式序列间歇反应器，是由

C.Q.Yang 等人研究开发出的一种较为合理的污水处理系统。其典型流程如图 3.34 所示。图中序批池（SBR 池）Ⅰ 和 Ⅱ 的功能相同，均起着好氧氧化、缺氧反硝化、预沉淀和沉淀作用。一般 MSBR 将一个运行周期分为 6 个时段，每 3 个时段为半个周期，在相邻的两个半周期内，除序批池的运行方式不同外，其余各单元的运行方式完全一样。在半个周期内，MSBR 的具体运行情况如下：

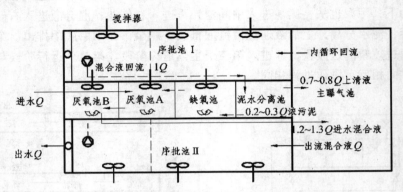

图 3.34　典型 MSBR 池流程示意图

污水首先进入厌氧池 A，并与缺氧池回流的高浓度脱氮污泥混合，完全混合之后，在无氧的情况下进入厌氧池 B，在此聚磷菌进行磷的释放，接着混合液进入主曝气池，在好氧条件下，聚磷菌过量吸收混合液中的正磷酸盐，同时进行有机物的降解和氨氮的硝化反应，在溶解氧较低时还同时存在反硝化作用。然后，曝气池混合液进入其中一个序批池（如池 Ⅱ）进行缺氧与好氧的交替反应，而另一序批池 Ⅰ 则作为沉淀区排水。序批池 Ⅱ 内的混合液通过回流泵回流至缺氧池，在进行反硝化脱氮之后，自流进入泥水分离池，分离出的上清液进入主曝气池，沉淀污泥进入厌氧池 A 与原污水混合。在进入下一个半周时，主曝气池的混合液引入序批池 Ⅰ，序批池 Ⅱ 则进行沉淀出水，其余的运行情况均不变。表 3.10 为一个运行周期内 MSBR 各单元的工作状态。

表 3.10　一个运行周期内 MSBR 各单元运行状态

时段	序批池 Ⅱ	泥水分离池	缺氧池	厌氧池 A	厌氧池 B	主曝气池	序批池 Ⅰ
1	搅拌	浓缩	搅拌	搅拌	搅拌	曝气	沉淀
2	曝气	浓缩	搅拌	搅拌	搅拌	曝气	沉淀
3	预沉	浓缩	搅拌	搅拌	搅拌	曝气	沉淀
4	沉淀	浓缩	搅拌	搅拌	搅拌	曝气	搅拌
5	沉淀	浓缩	搅拌	搅拌	搅拌	曝气	曝气
6	沉淀	浓缩	搅拌	搅拌	搅拌	曝气	预沉

　　MSBR 工艺在循环处理过程中综合了多种工艺的特点，使系统具有较高的污泥浓度和良好的混合效果，并具有很好的除磷脱氮功能。

三、BAF 污水生物处理工艺

BAF（Biological Aeration Filter）为生物曝气滤池（或称曝气生物滤池），属于生物膜法范畴。该工艺于 20 世纪 80 年代初出现于欧洲，20 世纪 90 年代以后已基本成熟并广泛应用于欧洲、北美及日本等地区和国家，目前，全球已有数百座采用 BAF 工艺的污水处理厂建成。

BAF 生物过滤技术是针对中小城镇的城市污水治理而研制开发的，主要用于降解有机物和生物脱氮，其工艺构造如图 3.35 所示。

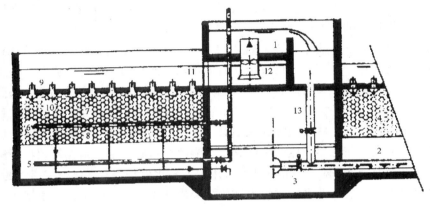

1—配水廊道；2—滤池进水和排泥；3—反冲洗循环闸门；4—填料；5—反冲洗气管；
6—工艺空气管；7—好氧区；8—缺氧区；9—挡板；10—出水滤头；
11—处理后水的储存和排出；12—回流泵；13—进水管。

图 3.35　BAF 工艺构造简图

滤池供气系统分两套管路，工艺空气管用于工艺曝气，它将填料层分为上下两个区，上部为好氧区，下部为缺氧区。滤池底部的空气管路是反冲洗空气管。

从开始过滤至反冲洗结束为一个运行周期。过滤时，经预处理的污水（主要去除 SS 以避免滤池频繁反冲洗）与回流水混合后，通过滤池进水管进入滤池底部，并向上首先流经缺氧区，在此实现反硝化脱氮、降解有机物并截留 SS，污水流经曝气管后即进入好氧区，在此进一步降解有机物并进行硝化反应，净化后的污水通过滤池挡板上的出水滤头排出。

反冲洗采用气水交替反冲，反冲洗水即为储存在滤池顶部的达标排放水，反冲洗所需空气来自反冲洗气管，具体过程为：

（1）关闭进水管和工艺空气管阀门。

（2）水自上而下单独冲洗。

（3）空气单独冲洗，继而水冲洗和气冲洗交替并重复几次。

（4）最后用水漂洗一次。反冲洗污水回流至预处理构筑物，再生后的滤池进入下一运行周期。

在污水的二级、三级处理中，曝气生物滤池体现出处理负荷高、出水水质好、占地少、投资省、通过反冲洗易于实现滤池的正常运行，不需另设二沉池和污泥回流系统等优势，但需强化一级处理工序，且自控程度较高。目前，这种工艺已在我国大连市及四川省的一些中小城市的城市污水处理厂中得到了应用。

第七节 城市污水处理系统

城市污水是指排入城市污水管网的各种污水的总和，有生活污水，也有一定量的各种工业废水，还有地面的降雨、融雪水，并夹杂有各种垃圾、废物、污泥等，是一种成分极为复杂的混合废水。城市污水的实际组分及其浓度取决于许多因素，如工业废水排入城市排水管网前是否经过预处理，经济和生活水平的高低等。但工业废水和城市生活污水是城市污水的主要来源，它们各自所占城市污水的比例因不同城市而异。随着工业生产和城市建设的发展，城市污水的排放量不断增加。目前，我国城市平均每天大约产生 1 亿 m^3 的工业废水和生活污水。其中，有将近 6 000 万 m^3 的污水排入城市排水管网。

城市污水处理是防止产生水污染的重要措施，也是人工防治水污染的最后防线。对城市污水进行各种必要的处理，等达到排放标准后再排入江河湖泊，可有效避免水污染的发生。

城市污水中的污染物质多种多样，不可能只用一种方法就把所有的污染物去除殆尽。一种污水往往需要通过由几种方法组成的处理系统进行处理，才能达到要求处理的程度。

污水处理流程的组合，一般遵循先易后难、先简后繁的规律，即首先去除大块垃圾和漂浮物质，然后再依次去除悬浮固体、胶体物质及溶解性物质。也就是先使用物理法，然后再使用化学法和生物处理法。对于城市污水，采用哪种污水处理工艺，要根据污水的处理程度，而处理程度则主要取决于受纳水体的污水排放标准或处理后污水的出路。根据对污水的不同净化要求，城市污水处理系统可分为一级处理、二级处理、三级处理。

一、一级处理

一级处理的内容是去除污水中的漂浮物和部分大的悬浮状态的污染物质，调节 pH 值，减轻污水的腐化程度和后续处理工艺的负荷。用这种处理流程建立的污水处理厂称为一级处理厂或低级污水处理厂。物理法中的大部分方法（如机械过滤、过筛、沉淀、气浮等）和部分化学方法（如中和等）只能完成一级处理的要求。经过一级处理后的污水，有机物的去除率只有 30% 左右，一般达不到内陆水体的污水排放标准，还必须进行二级和三级处理。因此，相对于二级处理来说，一级处理又属于预处理。

二、二级处理

二级处理的主要任务，是大幅度地去除污水中呈溶解和胶体状态的有机污染物质。根据有机污染物质的去除率，二级处理工艺可分为两类：一类是有机物去除率为 75% 左右（包括一级处理），已处理水的有机物含量为 60 mg/L 左右，称为不完全二级处理；另一类是有机物去除率达到 85%~95%（包括一级处理），已处理水的有机物含量为 20 mg/L 左右，称为完全二级处理。生物处理法是二级处理的主体工艺。

三、三级处理

三级处理的目的在于进一步去除二级处理所未能去除的污染物质，其中包括残余的悬浮物及胶体、残余的溶解性有机物、无机盐类（如氮、磷、重金属等）及色素、细菌与病毒等。三级处理所使用的方法是多种多样的，通常分为前述的物理法、化学法和生物法三类，如生物膜过滤、臭氧氧化、混凝沉淀、砂滤、活性炭吸附以及离子交换和电渗析等。

　　城市污水经过二级处理后，基本上可以去除大部分的有机物质和悬浮物质，使水质变清。但剩余的污染物质至少还有悬浮物（30 mg/L）、BOD_5（20～30 mg/L）、氮（26 mg/L 左右）、磷（8 mg/L 左右）等。由于 P、N 的去除比较困难，而当氮（N）、磷（P）过多时，会造成湖泊老化（富营养化）和河岸附近产生赤湖等现象。同时，随着水质标准的不断提高，人们对二级出水又提出了新的要求，即进一步降低悬浮物含量和 BOD_5 值，去除氮（N）、磷（P）等营养盐及某些难降解的有机物质。通过三级处理，BOD_5 可降至 5 mg/L 以下，可去除大部分的氮和磷。表 3.11 为各级污水处理流程的净化率和优缺点。

表 3.11　各种污水处理流程的净化率和优缺点

处理流程	净 化 率	优 点	缺 点
一级处理	BOD_5 25%～40% 悬浮物 60% 左右	设备简单，费用省	只适用于向海洋或自净能力强的水体排放
二级处理	BOD_5 90% 左右 悬浮物 90% 左右 N 25%～55% P 10%～30%	除去有机废物，保持水中 DO	不能防止富营养化
三级处理	BOD_5 99% 以上 悬浮物 99% N 50%～95% P 94%	基本除去氮、磷等植物营养物	费用约为二级处理厂的 2 倍，一级处理厂的 4 倍

　　三级处理系统的工艺流程，视处理的目的和要求不同，可对多种处理方法进行组合。和工业污水相比，城市污水的水质变化相对较少，所以，一般城市污水处理的工艺流程比较典型，即所谓三级处理体制。其中，一级是预处理，二级是主体，三级为精制。图 3.36 即为城市污水的三级处理工艺流程。

　　三级处理是深度处理的同义语，但两者又不完全相同。三级处理是在二级处理之后，为了从污水中去除某种特定的污染物质（如 SS、COD、色度、臭味等），而增加的一项处理工艺。深度处理则往往是以污水回收、再次复用以及对水质要求较高而采用的处理工艺。

　　中水系统是将城市污水或生活污水经一定处理后用作城市杂用或工业回用的污水回用系统，它分为建筑中水系统、小区中水系统和城市中水系统。城市中水系统是利用城市污水处理厂的深度处理，将处理水供给具有中水系统的建筑物或住宅区。如在邻近城市污水处理厂的居住小区或建筑群，可利用城市污水处理厂的出水作为小区或楼群的中水回用水源。

　　近年来发展了一级强化处理，即在一级处理后投加化学药剂，对城市污水中的悬浮固体磷和重金属等有较强的去除率，该处理方式在工程投资、运行费用、占地、能耗等方面比二级处理要节省。

　　综上所述，人们对水体污染的控制，初期着眼于预防传染疾病的流行，后来转到对需氧污染物的控制，目前又发展到防治整个水体的污染、富营养化以及重视污水的净化回用问题。在城市污水处理厂建设方面，工业发达国家正朝着普及化、大型化、合并化、深度化方向发展。

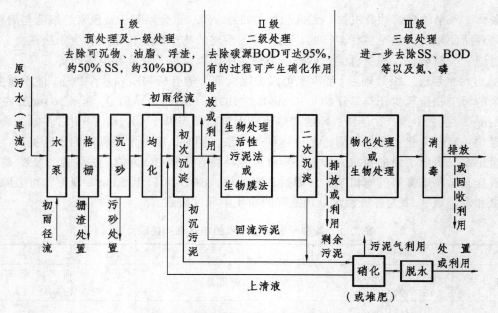

图 3.36 城市污水处理的三级体制

思 考 题

1. 造成水体污染的主要污染物质有哪些？

2. 水质标准与水质要求有何区别？

3. BOD、COD_{Cr}、COD_{Mn} 三者有何区别与联系？

4. 试述控制工业废水对水体污染的途径。

5. 有一河流，其最枯流量 $Q = 5$ m³/s，一含酚废水流量 $q = 100$ m³/h，废水中含挥发酚浓度 $C_p = 200$ mg/L，若废水在岸边集中排放，混合系数 $\alpha = 0.75$，受纳废水河段按Ⅳ类水体考虑。试计算此废水排放河流前，废水中酚所需的处理程度 E 为多少？

6. 简述气浮法处理废水的原理。这种方法有哪几种类型？哪种性质的废水宜采用气浮法？

7. 试述采用空气氧化法处理含硫废水的原理。

8. 试述采用硫酸亚铁作还原剂处理含铬废水的原理。

9. 试述利用活性污泥法处理有机污水的原理。

10. 试分析厌氧生物处理法的特点。

11. 试分析 UASB 反应器处理有机污水的优缺点。

12. 何谓一级、二级或三级污水处理系统？

第三章 导学、例题及答案

第四章　大气污染控制

空气、水、食物是人类生存的基本物质条件，如果分别断绝这三种物质的供应，则由于空气短缺将最先导致人类的死亡，所以常说洁净的空气是人类生存所需的第一物质。近几十年，由于人类活动所致，大量的有毒、有害物质排到空气中，使空气质量急剧恶化，严重地影响了人类的健康、生存和生态环境，于是人类便开始着手研究对空气污染进行控制，这便是空气污染控制工程。

第一节　大气污染及污染物

一、大气的组成

地球表面覆盖着厚厚的大气层，从地表一直延伸到上千公里的高空。现代大气是与地球一同演化而来的，其发展大致经历了三个阶段。46.6 亿年以前，没有地球，没有大气，仅有宇宙空间的氢气云团。在形成地球的过程中，大部分氢原子都逃逸了（因受引力小），先前恒星爆炸后混进原始氢云里的物质大部分被遗留下来，其中固态物质经过碰撞、合并逐渐进化为原始地球，而气态物质如氢、氮、氖等就组成了第一代大气（原始大气）。随着年代的推移（20 亿年前），在不断冷却的过程中，逐渐形成了薄弱的固体地壳，而其内部仍是高温熔岩，并因物质分解而生成大量气体。这些气体与细小微粒借助火山爆发而喷射到大气中，就构成了第二代大气（还原大气），其主要成分是氮、二氧化碳、甲烷、氨和水汽。第二代大气中既没有氧气，更没有臭氧，太阳紫外辐射畅通无阻地透射到地表，把水汽分解成氢和氧，从此地球上的大气才有了氧分子。以后，在漫长的生命进化过程中（20 亿年前至 3 亿年前），随着绿色植物的生长，通过光合作用，把二氧化碳和水转化成有机物，同时产生了大量的氧气，这就形成了现代大气（氧化大气）。现代大气的主要成分是氮气和氧气。

一般人们都认为，大气是由干洁空气、水汽和悬浮的气溶胶粒子三部分组成的。

干洁空气是由多种气体成分混合组成，这些成分大致可分为两类：一类是常定成分，主要有氮、氧、氩、氦、氖、氪、氙等，它们在大气中的含量较为固定，基本上不随时间和地点变化而变化；另一类是可变成分，如二氧化碳、甲烷、氮氧化物、硫氧化物、臭氧等，它们在大气中的含量随时间和地点的变化而变化，因为这些物质的形成和破坏与人类活动、地表有密切关系。表 4.1 列出了干洁大气的基本组成成分。从表中可看出，可变成分在大气中的含量远小于常定成分，但是它们对大气质量的影响却非常大。

水汽是大气中最活跃的成分，其来源主要是水的蒸发。水汽在大气中上升凝结成云，又以降水的形式回到地面，这个循环对于气候的变化及地球上生命的生存有着重要的意义。水汽在大气中的含量是极低的（仅占 0.1%~3%），且随时间和地点不同而有很大差异。

悬浮微粒是大气中的杂质成分，它主要来源于自然过程，如岩石的风化、火山爆发、海啸等，它在大气中的含量也随时间和地点变化。

表 4.1 干洁大气的基本成分

气 体		分子式	体积百分比含量（%）	分子量
常定成分	氮	N_2	78.084 0	28.013 4
	氧	O_2	20.947 6	31.998 8
	氩	Ar	0.934	39.948
	氖	Ne	0.001 818	20.183
	氦	He	0.000 524	4.002 6
	氪	Kr	0.000 114	83.8
	氙	Xe	0.87×10^{-7}	131.3
可变成分	二氧化碳	CO_2	0.032 2	44.009 95
	一氧化碳	CO	0.19×10^{-4}	28.010 55
	甲烷	CH_4	1.5×10^{-4}	16.043 03
	臭氧	O_3	0.04×10^{-4}	47.998 2
	二氧化硫	SO_2	1.2×10^{-7}	64.062 8
	一氧化二氮	N_2O	0.27×10^{-4}	44.012 8
	二氧化氮	NO_2	1×10^{-7}	46.005 5
	氢	H_2	0.5×10^{-4}	2.015 94
	碘	I_2	5×10^{-7}	253.808 8
	氨	NH_3	4×10^{-7}	17.030 61

自然状态下的大气组成（除悬浮微粒外）对人类来说是无害的，如果大气始终保持这种状态，那就不存在大气污染问题。

二、大气污染

大气污染是指由于人类活动和自然过程引起某种物质进入大气中，累积呈现出足够的浓度（远远超过自然状态下的浓度值），并驻留一定时间，对人类健康生存和生态环境造成危害的现象。

（一）大气污染的成因

造成大气污染的原因：一是人类活动，二是自然过程。人类在从事生产和生活过程中，要向大气排放各种污染物。如，燃煤锅炉要向大气排放烟尘和二氧化硫，汽车行驶时要向大气排放碳氢化合物和氮氧化物……这是人类活动造成的大气污染。而火山喷发、森林火灾、岩石风化等也会向大气释放各种污染物质，这是自然过程造成的大气污染。

大气污染的形成过程有三个阶段，如图4.1所示。

图4.1　大气污染的形成过程

由排放源排放污染物进入大气中，经过混合、迁移、扩散、化学转化等一系列大气运动过程，最后到达接受者，对接受者产生危害。

当然，并不是大气中一旦有污染物进入，大气就会对接受者产生危害。只有当这种污染物在大气中的浓度达到一定的阈值，并持续一定的时间，接受者才会受到不利影响。从表4.1中可知，自然状态下的大气中二氧化硫的浓度相当低，在这种浓度下，通常我们认为它无害。但是，当人类的某项活动（如火力发电）排放出的二氧化硫在大气中形成一定浓度，并持续一段时间后，二氧化硫对人类的危害就会表现出来，这时候，我们就说该地区空气受到了污染。

（二）大气污染的影响范围

由于污染物是以大气为载体的，大气有不同的运动尺度，因而大气污染的影响范围也有尺度之分，可分为局部污染、区域污染、全球污染。

局部污染：范围一般在 0 ~ 2 km，如一个工厂排放的污染物对大气的影响；区域污染：范围一般在 2 ~ 2 000 km，如山西的大气污染物影响北京的空气质量；全球污染：范围超过 2 000 km，对应的是大气运动的天气尺度或全球尺度，如 CO_2 气体引起的全球气候变暖现象。

三、大气污染物

（一）定义及分类

以各种形式进入大气层，并有可能对人类、生物、材料以及整个大气环境构成危害或带来不利影响的物质称为大气污染物。大气污染物种类繁多，目前已发现有100多种。空气污染物按其进入大气层的方式可分为两种。

（1）一次污染物。直接从排放源排出进入大气中的污染物质。典型的一次污染物有颗粒物、二氧化硫、一氧化碳、碳氢化合物、氮氧化物等。

（2）二次污染物。在大气层中，几种一次污染物之间或一次污染物与大气中的正常成分之间发生化学反应而生成的新污染物质。典型的二次污染物有硫酸烟雾、光化学烟雾等。

在大气污染控制工程中，通常按物理状态和化学组成对大气污染物进行分类。

（1）颗粒物。指以固体或液体微粒形式存在于空气中的分散体。

① 固体颗粒物：指能悬浮于大气中的固体粒子，粒径一般在 0 ~ 200 μm，平时我们所说的粉尘、烟尘、扬尘、沙尘暴，均属于"固体颗粒物"的范围。固体颗粒物对人类健康生存的危害是显著的，尤其颗粒物的粒径越小，对人类的危害就越大。在大气污染控制工程中，通常把粒径小于等于 2.5 μm 的颗粒物称为细颗粒物（也称可入肺颗粒），记作 $PM_{2.5}$；把粒径小于等于 10 μm 的固体颗粒物称为飘尘（也称可吸入颗粒），记作 PM_{10}，飘尘能长时间悬浮

在大气中；把粒径小于 100 μm 的固体颗粒物通称为总悬浮颗粒物（TSP）。

② 液滴：指悬浮在大气中的液体粒子，一般是由于水汽凝结而形成的，常见的有雾和雨。雾：出现在近地面由许多小水滴组成的群体；雨：由天空中的云降落下来的水滴粒子群。当空气中有粒径较小的尘存在时，这种尘往往成为雾和云的凝结核而降落到地面，对人类的健康生存和生态环境产生影响。

③ 化学粒子：主要指硫酸盐、硝酸盐这些在大气中形成的二次污染物。它们的粒径一般小于 1 μm，所以是 $PM_{2.5}$ 的重要组成部分。

（2）气态污染物。气态污染物是指以分子状态存在的污染物。气态污染物的种类非常多，最常见的有以下五种：

① 含硫化合物：主要指二氧化硫（SO_2），同时还有硫化氢（H_2S）和硫酸雾。

② 含氮化合物：主要指一氧化氮（NO）和二氧化氮（NO_2），以及它们可能产生的二次污染物。

③ 碳氧化物：主要指一氧化碳（CO）和二氧化碳（CO_2）。

④ 碳氢化合物：主要包括烷烃、烯烃和芳烃等有机污染物。

⑤ 卤化物：主要指氟化氢、氯化氢和氯气等污染物。

（二）空气污染物浓度

大气中污染物的浓度可用多种方式来表达，最常用的有两种：一种是质量浓度，另一种是体积浓度。

（1）质量浓度。单位体积的空气中所含有污染物的质量，单位常用 mg/m^3。

如：一个 $5 m^2$ 的厨房（房高 2.5 m），假设做一次饭时，产生的油烟为 10 g（假定油烟未逸出房外，且在室内均匀分布），则该厨房内油烟浓度为：$10 \times 10^3/（5 \times 2.5）= 800 mg/m^3$。

（2）体积浓度。污染物体积与空气容积之比，单位常用 10^{-6}（英文缩写词 ppm，全称 parts per million）。上例中如果 10 g 油烟的体积为 $12 \times 10^3 cm^3$，则厨房内油烟的体积浓度为：

$$\frac{12 \times 10^3 \times 10^{-6}}{5 \times 2.5} = 960 \times 10^{-6}$$

以上两种浓度可用下式换算：

$$C_m = C_v \cdot A/22.4 \tag{4.1}$$

式中　C_m——污染物的质量浓度，mg/m^3；

C_v——污染物的体积浓度，10^{-6}；

A——污染物的摩尔质量，g/mol。

四、大气污染源

大气污染源可分为两种类型：一种是自然源，另一种是人为源。在大气污染控制工程中主要研究人为源。人为污染源是由于人类的生产活动和生活活动产生的。

人为污染源又可根据多种因素进一步细分：按污染源的空间位置来分，可分为固定源和移动源；按排放污染物的时间特性来分，可分为连续源、间隙源、瞬时源；按排放污染物的高度来分，可分为高架源和地面源。

在大气污染控制工程中，对污染源的分类常按照污染物排放口的形式来分：点源——污染源的排放口呈一定口径的点状，如工厂烟囱；面源——在一定区域范围内，没有排气烟囱的排放源或以低矮密集的方式排放污染物的排放源，如电解车间电解槽排放酸雾；线源——污染物排放口呈线状排放源，如行驶的汽车排放尾气；体源——污染物呈一定体积向大气中排放的污染源，如楼房的通风排气。

五、大气污染对人类健康的影响及危害

大气污染对人类健康的影响及危害主要表现在以下几个方面。

（一）对人类的健康危害

大气污染对健康的危害包括急性和慢性两种。人在高浓度污染的空气中暴露一段时间后，马上就会引起中毒或其他一些病状，这就是急性危害，如伦敦烟雾事件，因高浓度二氧化硫和颗粒物污染导致 5 天内就有 4 000 人死亡。慢性危害就是人群长期在低浓度污染物的空气中生活，由于浓度低，对人群健康危害不会立即表现出来，具有潜在性，不会引起人们的警觉，但一经发作，就会因影响面大、危害深而一发不可收拾。世界卫生组织（WHO）经过长期的研究发现大气污染对健康的危害不论是短期暴露还是长期暴露均是显著的。关于长期暴露，美国环境医学研究人员 Dockeryetal（1993）、Popeetal（1995，2002）、HEI（2000）、Jerrett（2005）就对 $PM_{2.5}$ 进行了 5 ～ 10 年的调查研究，他们的研究成果都表明 $PM_{2.5}$ 的长期暴露与死亡率之间有很强的相关性，并指出只有 $PM_{2.5}$ 年平均浓度低于 10 $\mu g/m^3$ 时，对人的危害才是可接受的，但 Woodruff、DarrowandParker（2008）还发现在此标准下美国仍有 350 万婴儿死于呼吸道疾病；关于 $PM_{2.5}$ 短期暴露，Katsouyannietal（2001）、Sametetal（2000）在欧洲 29 个城市和美国 20 个城市分别进行了研究，结果表明 $PM_{2.5}$ 的短期暴露浓度每增加 10 $\mu g/m^3$（24 小时均值），死亡率将分别增加 0.62% 和 0.46%，同时他们采用 meta 分析法发现即使短期暴露在浓度为 10 $\mu g/m^3$ 下，人口死亡率也增加 1.23%（置信度为 95%）。

（二）对生态环境的影响

大气污染对农作物、森林、水产及陆地动物都有严重危害。酸雨和 SO_2 对农作物的伤害分为急性伤害和慢性伤害。当农作物与 pH 值较低的酸雨或 SO_2 接触时，叶片在短时间内会出现较为明显的伤害，主要症状为叶脉间出现不规则的坏死，严重时全叶细胞死亡，造成枯枝枯叶，甚至整株衰亡。当农作物长期与低浓度的酸雨或 SO_2 接触时，叶绿素或色素会逐渐发生变化，细胞的正常活动也逐渐被破坏，最终导致细胞死亡，主要症状是叶片过早脱落，这就是慢性伤害。

（三）对物质材料的危害

大气污染对物质材料的损害突出表现在对建筑物和暴露在空气中的流体输送管道的腐蚀。如工厂金属建筑物被腐蚀成铁锈，楼房、自来水管表面的腐蚀等。酸雨所造成的材料腐蚀直接经济损失主要考虑镀层（如金属表面的镀锌层）和涂层（如钢铁表面的涂料）。根据 2002 年中国城市建设统计年报可知，2002 年广东省酸雨和 SO_2 造成的建筑材料经济损失高达 17 亿元。

（四）对全球大气环境的影响

大气污染对全球大气环境的影响目前已明显表现在亚洲棕色云（灰霾）、臭氧层消耗、酸雨、全球气候变暖等方面。这些问题如不能及时控制，将对整个地球造成灾难性的危害（详细内容见本章第五节）。

第二节　大气污染控制技术

一、空气污染控制系统

典型的空气污染控制系统如图 4.2 所示。

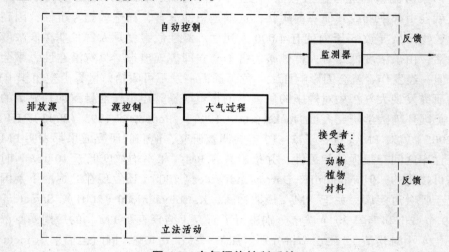

图 4.2　空气污染控制系统

空气污染的根源是排放源。主要的人为排放源有：工业和家庭的燃料燃烧、工业生产过程、运输、垃圾焚烧等。同排放源相连的是源控制，它是利用净化设备或清洁生产技术来减少污染源排放到大气中的污染物数量。污染物经源控制设备出来后进入大气中，被大气稀释、迁移、扩散和化学转化。随后污染物就对接受者产生影响，如果这种影响较严重，那么接受者就发出反馈信息，对污染源进行控制，以减少污染物的排放量。

从图 4.2 可以看出，控制空气污染应从三个方面着手：第一，对排放源进行控制，以减少进入大气中的污染物量；第二，直接对大气进行控制，如采用大动力设备改变空气的流向和流速，使污染物不和人类接触或减少接触时间；第三，对接受者进行防护，如使用防尘、防毒面罩。在这三种防治途径中，只有第一种既是可行的又是最实际的。由此可见，控制大气污染的最佳途径是阻止污染物进入大气中。

完全、彻底消灭空气污染物的产生是不可能的。最科学、最合理的做法是将大气中的空气污染物削减到人类能承受的水平，那么这个"承受水平"是多少呢？这就需要研究污染物对人类的影响效应。再者，由于大气是污染物的载体，它对污染物起着稀释、扩散、转化的作用，所以也必须对污染物在大气中的运动变化规律作研究。因此，大气污染工程的研究内容主要分布在以下三个领域：

（1）大气污染物的产生机制及控制技术；

（2）大气污染物在大气中的迁移、扩散、化学转化；

（3）大气污染物对人类、生态环境、材料等的影响。

二、大气污染控制标准

人类在对大气污染物与人类健康、生态环境之间的效应关系进行广泛研究后，提出了一系列限制大气污染物含量的法规文件，这便是大气污染控制标准。大气污染控制标准按其用途可分为：环境空气质量标准、大气污染物排放标准、大气污染控制技术标准及大气污染警报标准等。此外，我国还实行了大中城市空气污染指数报告制度。

（一）环境空气质量标准

环境空气质量标准是以保护人类生存健康，防止生态环境破坏，改善环境空气质量为目标而对各种污染物在大气环境中的容许含量所作出的规定，是进行大气环境管理和大气污染防治的依据。

我国环境空气质量标准最早于 1982 年制定并颁发《大气环境质量标准》（GB 3095—82），在 1996 年、2000 年和 2012 年分别进行了第一次、第二次和第三次修订，2012 年修订的《环境空气质量标准》（GB 3095—2012）中把环境空气功能分为两个类区：一类区为自然保护区、风景名胜区和其他需要特殊保护的地区；二类区为居住区、商业交通居民混合区、文化区、工业区和农村地区。同时将环境空气质量标准分为两级，一类区执行一级标准，二类区执行二级标准。具体标准见表 4.2。

表 4.2　环境空气质量标准

污染物名称	取值时间	浓度限值		单位
		一级	二级	
二氧化硫（SO_2）	年平均	20	60	$\mu g/m^3$
	24 小时平均	50	150	
	1 小时平均	150	500	
二氧化氮（NO_2）	年平均	40	40	
	24 小时平均	80	80	
	1 小时平均	200	200	
一氧化碳（CO）	24 小时平均	4	4	mg/m^3
	1 小时平均	10	10	

污染物名称	取值时间	浓度限值		单位
		一级	二级	
臭氧（O₃）	日最大 8 小时平均	100	160	
	1 小时平均	160	200	
PM₁₀	年平均	40	70	
	24 小时平均	50	150	
PM₂.₅	年平均	15	35	
	24 小时平均	35	75	
总颗粒物（TSP）	年平均	80	200	
	24 小时平均	120	300	
氮氧化物	年平均	50	50	
	24 小时平均	100	100	
	1 小时平均	250	250	μg/m³
铅	年平均	0.5	0.5	
	季平均	1	1	
苯并[a]芘（BaP）	年平均	0.001	0.001	
	24 小时平均	0.002 5	0.002 5	
镉（Cd）	年平均	0.005	0.005	
汞（Hg）	年平均	0.05	0.05	
砷（As）	年平均	0.006	0.006	
六价铬（Cr（Ⅵ））	年平均	0.000 025	0.000 025	
氟化物	1 小时平均	20[①]	20[①]	
	24 小时平均	7[①]	7[①]	
	月平均	1.8[②]	3.0[③]	μg/（dm²·d）
	植物生长平均	1.2[②]	2.0[③]	

注：① 适用于城市地区；
② 适用于牧业区和以牧业为主的半农牧区、蚕桑区；
③ 适用于农业和林业区。

（二）大气污染物排放标准

大气污染物排放标准是以实现环境空气质量标准为目标而对排放源中污染物的容许含量所作的限制规定。它是环境管理部门执法的依据，也是进行大气污染控制设计的依据。大气污染物排放标准分为综合排放标准和行业标准两类。在执行大气污染物排放标准时，遵循综合排放标准与行业标准不交叉执行且行业标准优先执行的原则。

我国在 1973 年曾颁发过《工业"三废"排放试行标准》（GBJ 4—73），其中的废气部分规定了 13 种大气污染物的排放标准。1996 年，我国重新颁发了废气排放标准——《大气污染物综合排放标准》（GB 16297—1996），标准中规定了 33 种大气污染物的排放限值。

（三）大气污染控制技术标准

大气污染控制技术标准是根据污染物排放标准引申出来的辅助标准，如燃料、原料使用标准，净化装置选用标准，排气烟囱高度标准及卫生防护距离标准等，是为保证达到污染物排放标准而从某一方面做出的具体技术规定，目的是使生产、设计和管理人员容易掌握和执行。

（四）大气污染警报标准

大气污染警报标准是为保护环境空气质量不致恶化或根据大气污染发展趋势，预防发生污染事故而规定的污染物含量的极限值。

（五）空气质量指数（AQI，Air Quality Index）

空气质量指数是定量描述空气质量状况的无量纲指数。2012 年 2 月 29 日，我国发布了《环境空气质量指数（AQI）技术规定（试行）》（HJ 633—2012），该标准规定了环境空气质量指数日报和实时报工作的要求和程序，并与《环境空气质量标准》（GB 3095—2012）同步实施。

目前，计入空气质量指数的项目有：可吸入颗粒物（PM_{10}）、细颗粒物（$PM_{2.5}$）、二氧化硫（SO_2）、二氧化氮（NO_2）、一氧化碳（CO）和臭氧（O_3）。空气质量指数分级相关信息见第七章表 7.2。

三、大气污染控制技术

前面已指出，控制大气污染的最佳途径是阻止污染物进入大气。有两种方法可以实现这一目的：一是在工业过程中消灭污染物的产生；二是在排放源口消灭污染物。前一种方法涉及原材料的净化、原材料的变更、生产工艺的改革、生产设备的改进等，也就是我们通常说的清洁生产，这些内容已在第一章中介绍过，这里仅对第二种方法进行讨论。

典型的空气污染控制流程如图 4.3 所示。在风机的动力作用下，废气被吸气罩收集起来，随后进入净化设备，将有害成分去除，净化后的烟气由烟囱排出进入大气。

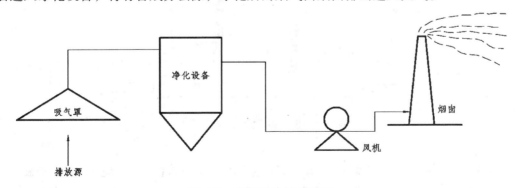

图 4.3 空气污染控制流程

大气污染物从物理状态上可分为两大类：一是颗粒物，二是气态污染物。在空气污染控制工程中，对颗粒物的去除采用除尘技术，对气态污染物的去除采用吸收等方法。

（一）颗粒污染物的控制

从气体中去除或捕集颗粒物的技术称为除尘技术，用以实现这一去除过程的设备称为除尘装置。

除尘过程是在多相气体运动状态下进行的，颗粒物在气流中的分离、沉降涉及许多复杂的物理过程与原理。因此，有关流体力学、气溶胶力学等的基本原理是除尘技术的基础理论。本节仅对除尘装置作一介绍。

根据除尘机理，除尘装置可分为四种类型：机械式除尘器、电除尘器、过滤式除尘器、湿式除尘器。

1. 机械式除尘器

机械式除尘器是利用颗粒的质量力（重力、惯性力和离心力等）的作用使颗粒物与气流分离的装置，它包括重力沉降室、惯性除尘器、旋风除尘器等。

（1）重力沉降室。

重力沉降室是依靠尘粒自身的重力作用将粉尘捕集下来的一种除尘装置，其结构如图 4.4 所示。当含尘气体进入除尘装置的沉降室后，粉尘借助自身的重力向底部自然沉降，只要气流通过沉降的时间大于或等于从尘降室顶沉降到底部的时间，则尘粒就会被除去。

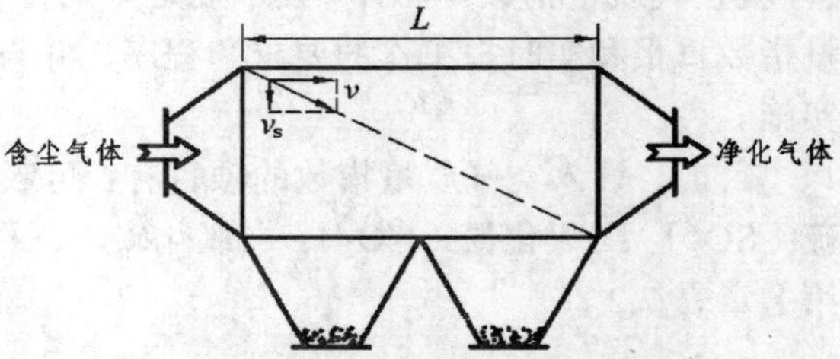

图 4.4 重力沉降室

（2）惯性除尘器。

惯性除尘器是使含尘气流冲击挡板，使气流方向发生急剧转变，借助尘粒本身惯性力的作用，将尘粒分离下来。

如图 4.5 所示，高速运动的气流在遇到挡板 1 时，气流改变方向绕过挡板，而尘粒因惯性大，冲击到挡板 1 上被捕集。被气流带走的尘粒遇到挡板 2 时，借助惯性力也被捕集。气流速度越高，气流方向转变角度越大，粉尘去除效率就越高。

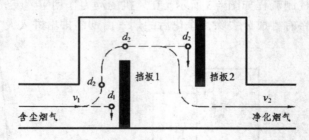

图 4.5 惯性除尘器的除尘机理

（3）旋风除尘器。

旋风除尘器是使含尘气流做旋转运动，借作用于尘粒上的离心力把尘粒从气体中分离出来的一种装置，如图 4.6 所示。含尘气体从进口切向进入除尘器，气流沿筒体内壁由上而下作旋转运动，到达锥体顶部附近时折转而上，在中心区域旋转上升，最后由排气管排出，通常将旋转向下的外圈气流称为外旋流，旋转向上的内圈气流称为内旋流，并把外旋流转变为内旋流的锥顶附近区域称为回流区。内旋流与外旋流两者旋转方向相同，在整个流场中起主导作用，所以又称为主流。

进入旋风除尘器的含尘气流做旋转运动时，尘粒在离心力作用下，逐渐向器壁移动，到达器壁后，在外旋流推力和尘粒自身重力作用下，沿壁面落至灰斗中，干净气体从排气管排出。

机械式除尘器的除尘效率都不是很高，一般用作高浓度含尘气体的预处理。

2. 电除尘器

电除尘器是利用静电力实现粒子与气流分离的一种除尘装置。图 4.7 为管式电除尘器的示意图。

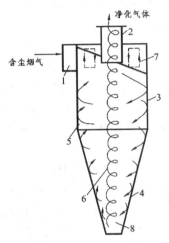

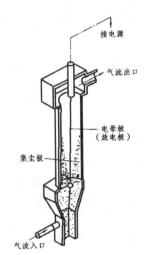

1—气流进口；2—气流出口；3—筒体；4—锥体；
5—外旋流；6—内旋流；7—上旋流；8—回流区。

图 4.6　旋风除尘器除尘机理　　　　　图 4.7　管式电除尘器结构示意图

如图 4.8 所示，在电晕极（细导线或曲率半径很小的任意形状导线）与集尘极（管状或板状）之间施加高压直流电，形成一个非均匀电场，在电晕极表面附近的强电场作用下，气体中原有的自由电子被加速到某一很高的速度，经碰撞足以使气体分子电离成新的自由电子和正离子（此时原电子失去动能），随即原电子和新电子又被加速到某一很高的速度，又引起气体分子碰撞电离。这种过程在极短的时间内重演了无数次，于是在电晕极附近产生了大量的自由电子和正离子。正离子在电场力作用下，移向电晕极失去电荷。自由电子在电场力作用下向集尘极移动，随着自由电子离开电晕极的距离增加，自由电子获得的加速度就不断下降，当达到某一距离时，自由电子获得的加速度就降到再也不能在极短时间内使自由电子的运动速度达到能使气体分子碰撞电离的程度，电晕极与这一距离之间的区域称为电晕区。离开电晕区的自由电子和气体分子发生碰撞时就附着在一起，形成负离子，这些自由电子和负离子在向集尘极移动的过程中，与粒子发生碰撞附着，使粒子也带上负电荷，在电场力的作用下，粒子就被驱往集尘极，到达集尘极表面后放出电荷而沉积于集尘极上，这就实现了粒子从气体中分离的过程。当集尘极上的粒子沉积到一定厚度后，用机械振打等方法将其清除。

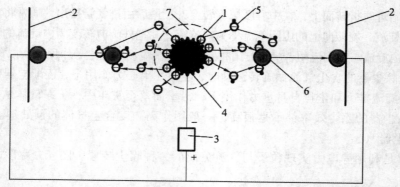

1—电晕极；2—集尘极；3—电源；4—电子；5—离子；6—粒子；7—电晕区。

图 4.8　电除尘器除尘机理

静电除尘器的主要特点：

（1）优点：压力损失小，一般为 200～500 Pa；处理烟气量大，单台静电除尘装置烟气处理量可达 10^5～10^6 m³/h；能耗低，0.2～0.4 kW·h/1 000 m³；对细粉尘有较高的捕集效率，可达 98%；耐高温，可达 350～450℃；干法除灰，有利于粉尘的输送和再利用，没有水污染；自动化程度高，运行可靠。

（2）缺点：静电除尘装置和其他除尘设备相比，结构较复杂，耗用钢材较多，每个电场需配用一套高压电源、电极的绝缘及控制装置，设备造价较高；应用范围受比电阻的限制，粉尘比电阻在 10^4～10^{10} Ω·cm 范围以外，除尘效率显著下降，因此粉尘比电阻过高或过低，采用静电除尘器不仅不经济，有时甚至不可能；不宜处理爆炸性粉尘，因为产生的电火花可能会引起爆炸。

3. 袋式除尘器

袋式除尘器是使含尘气流通过滤料将尘粒分离下来的装置。

让含尘气流通过滤料（用棉、毛或人造纤维制成的），粗大尘粒首先被阻留，并在滤料的网孔之间产生"架桥"现象，这样很快就在滤布表面形成一层所谓粉尘初层，如图 4.9 所示。依靠这一粉尘初层，尘粒就不断被阻留下来，具体机理如下：

（1）筛滤作用。当粉尘粒径大于滤料纤维间的孔隙或沉积在滤料上的尘粒间孔隙时，粉尘即被阻留。

（2）惯性碰撞。当含尘气流接近滤料纤维或沉积在纤维上的尘粒时，气流将绕过纤维或尘粒，而大于 1 μm 的尘粒，由于惯性作用，仍保持原来的运动方向，撞击到纤维或沉积尘粒上而被捕集，如图 4.10 所示。

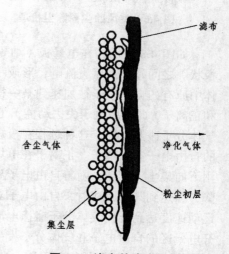

图 4.9　滤布的滤尘过程

（3）拦截作用。当含尘气流接近滤料纤维或沉积在纤维上的尘粒时，较细尘将随气流一起绕流，若尘粒半径大于尘粒中心到纤维边缘或沉积粉尘边缘的距离时，尘粒即因接触而被拦截。

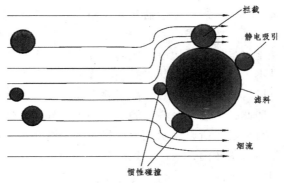

图 4.10 袋式除尘器除尘机理

（4）扩散作用。小于 1 μm 的尘粒，特别是小于 0.2 μm 的亚微粒子，在气体分子的撞击下脱离流线，像气体分子一样作布朗运动，如果在运动过程中和纤维或沉积尘粒接触，即可被捕集。

（5）静电作用。一般来说，粉尘和滤料都可能带电荷，当两者所带电荷相反时，粉尘易被吸附在滤料上。反之，若两者所带电荷电性相同时，则粉尘不易被滤料吸附，这样除尘效率反而会下降。

袋式除尘器的主要特点：

（1）优点：除尘效率高，对微细粒子的除尘效率可达 99.9% 以上；适用性强，对各类性质的粉尘都有很高的除尘效率，如高比电阻粉尘和高浓度粉尘等；处理风量范围广，对于小风量和大风量均可处理；结构简单，操作方便；捕集的干尘粒便于回收利用，没有水污染及污泥处理等问题。

（2）缺点：受温度的限制，高温滤料的工作温度一般不超过 280℃；袋式除尘器不宜用于含油、含水和高湿度的气体净化，否则会导致滤袋堵塞或结露；阻力较高，一般袋式除尘器的阻力为 900～1 700 Pa。

简易布袋除尘器的结构如图 4.11 所示。

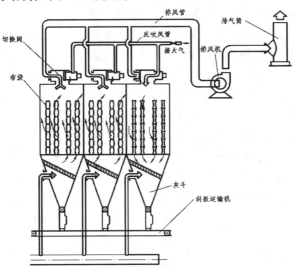

图 4.11 简易负压式反吸风布袋除尘器

含尘气体在风机的牵引下进入袋式除尘器灰斗，粗大颗粒首先在此沉降，随后气体进入布袋室，经布袋过滤，粉尘被截留在袋内，干净气体通过顶部换向阀经排风管进入风机，然后经排气筒排空。随着袋内粉尘的不断增厚，气体穿过布袋的阻力越来越大，当阻力达到一定值时，风机动力就满足不了除尘要求，此时必须将袋内粉尘清除。清灰时，通过切换阀关闭排风管，切断该室的排风，打开反吹风管，由于除尘器内各袋室都是通过进风管联通的，且各室都处于负压状态，因此，通过其余各室的负压抽吸，外界大气就通过反吹风管被吸入袋室内，由于流向与排风时相反，所以反吹风由滤袋外进入滤袋内，此时滤袋被抽瘪，滤袋内的粉尘也就脱离滤袋而掉入灰斗内，从而达到清灰的目的。反吹大气经滤袋、灰斗、进风管进入邻近袋室再回排到大气中。

4. 湿式除尘器

湿式除尘器是利用液体（例如水）与含尘气体接触，尘粒与液滴、液膜碰撞而被吸附、凝聚，随后与液体一起排走，达到净化气体的目的。其除尘机理如下。

（1）惯性碰撞。气流在流动中接近液滴时，会改变方向绕流而过；而尘粒因惯性作用，仍保持原来的运动方向，撞击到液滴上而被捕集。

（2）接触黏附。含尘气体接近液滴时，较细尘粒与气体一起绕流，如果尘粒半径大于它的中心到液滴边缘的距离时，尘粒就会因接触而被黏附。

（3）凝聚。含尘气体与液体混合时，水分易以尘粒为凝结核凝结在其表面，增湿后的尘粒易相互凝聚成粗大粒子而被液滴捕集。

（4）扩散。细小的尘粒，被气体分子碰撞，也会像气体分子一样作布朗运动。如果在运动过程中和液滴接触，即被捕集。

湿式除尘器除尘效率也较高，同时它还能除去气体中的有害气体。不过它有二次污染问题存在。

文氏管便是典型的湿式除尘器，如图 4.12 所示。文氏管主要由渐缩管、喉管、渐扩管、脱水器四个部分组成。含尘气体进入渐缩管后，由于截面积不断减小，气流速度逐渐增大，当到达喉管时，流速达到最大值，通常在 60～150 m/s，如此高速运动的气流把从喉管处喷射进来的水滴冲击成更小的雾滴，由于速度高，尘粒与液滴之间发生剧烈的碰撞，尘粒表面的气膜被冲破，尘粒被水润湿。同时，在喉管中由于动压急剧上升，静压迅速减小，如同绝热膨胀一样，水滴迅速蒸发，因而气体中的水蒸气达到饱和甚至超饱和状态，在渐扩管中，气流速度减小，静压回升，超饱和的水蒸气开始冷凝，细

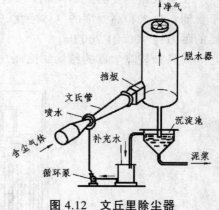

图 4.12 文丘里除尘器

小的尘粒成为冷凝核。这样，烟气中的颗粒物不论粒径大小，其表面都会附着一层水膜，附着了水膜的尘粒与水滴或其他颗粒相互碰撞，成为更大的聚合体，随后它们在脱水器中被捕集下来。

（二）气态污染物的控制

气态污染物化学性质各异，对它们的治理要视具体情况采用不同的方法。目前用于气态

污染物治理的主要方法有：吸收法、吸附法、催化法、燃烧法、冷凝法等。

1. 吸收法

不同的气体在液体中的溶解度是不相同的，含有多种成分的混合气体，当它与液体接触时，气体中溶解度大的成分就源源不断地溶解于液体中，相应地在气体中的浓度就显著降低，这样溶解组分就和原混合气体分离开来。我们称这种液体为吸收剂，溶解组分为吸收质，溶解了吸收质的液体为吸收液。根据这个原理，对于某种含有有害成分的气体，如果选择适当的吸收剂，让气体与吸收剂接触，则气体中的有害成分就会分离出来，而被吸收到吸收剂中，就达到了净化气体的目的。这便是用吸收法净化有害气体的机理。

吸收过程中，如果吸收质与吸收剂或吸收剂中某组分发生化学反应，则会明显增大吸收推动力和传质系数，吸收效率也就随之增大。由于在空气污染中，所遇废气中有害成分并不是很高，同时为了提高吸收效率，故常采用化学吸收法。

吸收法净化有害气体具有设备简单、净化效率高、投资小、应用范围广等特点，但要注意二次污染问题。

下面以石灰石-石膏法净化二氧化硫为例来说明吸收法的应用。

从烟气中脱除 SO_2 的过程是在气、液、固三相中进行的，发生的是气-液反应和液-固反应。可以用以下化学反应式来描述这一过程的一些主要步骤。

气体 SO_2 被液体吸收

$$SO_2(g) + H_2O \rightleftharpoons H_2SO_3(l) \tag{4.2}$$

$$H_2SO_3(l) \rightleftharpoons H^+ + HSO_3^- \tag{4.3}$$

$$HSO_3^- \rightleftharpoons H^+ + SO_3^{2-} \tag{4.4}$$

吸收剂溶解和中和反应

$$CaCO_3(s) \longrightarrow CaCO_3(l) \tag{4.5}$$

$$CaCO_3(l) + H^+ + HSO_3^- \longrightarrow Ca^{2+} + SO_3^{2-} + H_2O + CO_2(g) \tag{4.6}$$

$$Ca(OH)_2 \longrightarrow Ca^{2+} + 2OH^- \tag{4.7}$$

$$Ca^{2+} + 2OH^- + H^+ + HSO_3^- \longrightarrow Ca^{2+} + SO_3^{2-} + 2H_2O \tag{4.8}$$

$$SO_3^{2-} + H^+ \longrightarrow HSO_3^- \tag{4.9}$$

氧化反应

$$SO_3^{2-} + \frac{1}{2}O_2 \longrightarrow SO_4^{2-} \tag{4.10}$$

$$HSO_3^- + \frac{1}{2}O_2 \longrightarrow SO_4^{2-} + H^+ \tag{4.11}$$

结晶析出

$$Ca^{2+} + SO_3^{2-} + \frac{1}{2}H_2O \longrightarrow CaSO_3 \cdot \frac{1}{2}H_2O(s) \tag{4.12}$$

$$Ca^{2+} + (1-x)SO_3^{2-} + xSO_4^{2-} + \frac{1}{2}H_2O \longrightarrow (CaSO_3)_{(1-x)} \cdot (CaSO_4)_{(x)} \frac{1}{2}H_2O(s) \tag{4.13}$$

式中　x——被吸收的 SO_2 氧化成 SO_4^{2-} 的摩尔分率。

$$Ca^{2+} + SO_4^{2-} + 2H_2O \longrightarrow CaSO_4 \cdot 2H_2O(s) \tag{4.14}$$

总反应式

$$CaCO_3 + \frac{1}{2}H_2O + SO_2 \longrightarrow CaSO_3 \cdot \frac{1}{2}H_2O + CO_2(g) \tag{4.15}$$

$$CaCO_3 + 2H_2O + SO_2 + \frac{1}{2}O_2 \longrightarrow CaSO_4 \cdot 2H_2O + CO_2(g) \tag{4.16}$$

$$Ca(OH)_2 + SO_2 \longrightarrow CaSO_3 \cdot \frac{1}{2}H_2O + \frac{1}{2}H_2O \tag{4.17}$$

$$Ca(OH)_2 + SO_2 + \frac{1}{2}O_2 + H_2O \longrightarrow CaSO_4 \cdot 2H_2O \tag{4.18}$$

石灰石-石膏法 FGD 工艺过程的脱硫反应速率取决于式（4.15）~（4.18）四个控制步骤。

（1）气相 SO_2 被液体吸收的反应。

SO_2 是一种极易溶于水的酸性气体，在反应式（4.2）中，SO_2 经扩散作用从气体溶入液体中，与水生成亚硫酸（H_2SO_3），H_2SO_3 迅速离解成亚硫酸氢根离子（HSO_3^-）和氢离子（H^+）[式（4.3）]。当 pH 值较高时，HSO_3^- 会进行二级电离产生较高浓度的 SO_3^{2-} [式（4.4）]。

（2）吸收剂溶解和中和反应。

吸收剂溶解和中和反应的关键步骤是式（4.5）、（4.6）和式（4.7），即 Ca^{2+} 的形成。$CaCO_3$ 是一种极难溶的化合物，其中和作用实质上是一个向介质提供 Ca^{2+} 的过程，这一过程包括固体 $CaCO_3$ 的溶解[式（4.5）]和进入液体中的 $CaCO_3$ 的分解[式（4.6）]。固体石灰石的溶解速度、反应活性以及液体中 H^+ 的浓度（pH 值）影响中和反应速度和 Ca^{2+} 的形成，氧化反应以及其他一些化合物也会影响中和反应速度。

消石灰 [$Ca(OH)_2$] 是一种强碱，溶解度和电离度远大于 $CaCO_3$，只要浆液中存在有 $Ca(OH)_2$，就会提供 Ca^{2+} [式（4.7）]，因此 $Ca(OH)_2$ 的中和反应[式（4.8）]能迅速完成。

在上述化学反应步骤中，Ca^{2+} 的形成是一个关键的步骤，之所以关键，是因为 SO_2 正是通过 Ca^{2+} 与 SO_3^{2-} 或 SO_4^{2-} 形成化合物而从溶液中除去。

（3）氧化反应。

亚硫酸的氧化是石灰石-石膏法 FGD 工艺中另一重要的反应[见反应式（4.10）和式（4.11）]。SO_3^{2-} 和 HSO_3^- 都是较强的还原剂，在催化剂作用下，液体中溶解氧可将它们氧化成 SO_4^{2-}。反应中的氧气来源于烟气中的过剩空气，在强制氧化工艺中，主要来源于喷入反应罐中的氧化空气。从烟气中洗脱的飞灰以及吸收剂中的杂质提供了起催化作用的金属离子。

（4）结晶析出。

湿法 FGD 的最后一步是脱硫固体副产物的沉淀析出。在通常运行的 pH 值环境下，亚硫酸钙和硫酸钙的溶解度都较低，当中和反应产生的 Ca^{2+}、SO_3^{2-} 以及氧化反应产生的 SO_4^{2-} 达到一定的浓度后，这三种离子组成的难溶性化合物就将从溶液中沉淀析出。根据氧化程度的不同，沉淀产物或者是半水亚硫酸钙（式（4.12）、亚硫酸钙和硫酸钙相结合的半水固溶体[式（4.13）]、二水硫酸钙（石膏）[式（4.14）]，或者是固溶体与石膏的混合物。

典型的石灰石-石膏脱硫工艺见图 4.13。

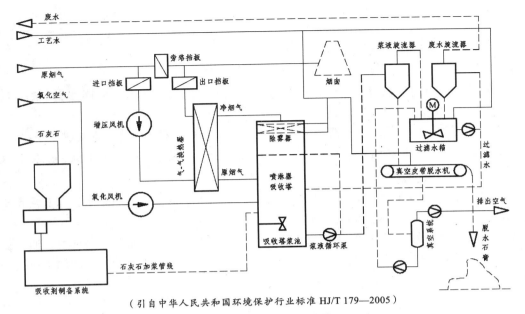

（引自中华人民共和国环境保护行业标准 HJ/T 179—2005）

图 4.13　典型的石灰石-石膏脱硫工艺

2. 吸附法

固体表面的分子处于力不平衡状态，对其邻近的气体分子有吸引力（即吸附作用），这种引力可能是范德华力也可能是化学键力（低温时常表现为范德华力，高温时常表现为化学键力）。当吸引力表现为化学键力时，它具有强烈的选择性，也就是说，不同材料的固体表面吸附不同种类的气体分子。这里称这种固体为吸附剂，被吸附的成分为吸附质。根据这个原理，对于已确定的含有有害成分的气体，如果选用适当的吸附剂，让气体和它接触，则有害成分就会吸附在吸附剂上，气体就得以净化。这便是用吸附法净化有害气体的机理。

吸附剂吸附到一定程度后，就达到吸附平衡（吸附速率与解吸速率相等的一种动态平衡），在宏观上，此时它再也不能吸附有害成分，因此就需要对吸附剂进行再生。

下面以活性炭吸附净化 SO_2 为例来说明吸附法的应用。

活性炭对烟气中的 SO_2 进行吸附，既有物理吸附，也有化学吸附，特别是当烟气中存在着氧和蒸气时，化学吸附表现得尤为明显。这是因为在此条件下，活性炭表面对 SO_2 和 O_2 反应具有催化作用，反应结果生成 SO_3，SO_3 易溶于水生成硫酸，因此，使吸附量较纯物理吸附增大。

（1）吸附。

在氧和水蒸气存在的条件下，在活性炭表面吸附 SO_2，伴随物理吸附将发生一系列化学反应。

物理吸附（以"*"表示吸附态分子）

$$SO_2 \longrightarrow SO_2^*$$
$$O_2 \longrightarrow O_2^*$$
$$H_2O \longrightarrow H_2O^*$$

化学吸附

$$SO_2^* + O_2^* \longrightarrow 2SO_3^*$$
$$2SO_3^* + H_2O \longrightarrow H_2SO_4^*$$
$$H_2SO_4^* + nH_2O \longrightarrow H_2SO_4 \cdot nH_2O^*$$

总反应方程式

$$SO_2 + H_2O + \frac{1}{2}O_2 \xrightarrow{\text{活性炭}} H_2SO_4$$

（2）再生。

吸附 SO_2 后的活性炭，由于其内外表面覆盖了稀硫酸，使活性炭的吸附能力下降，因此必须对其再生，常见的再生方法有：

① 洗涤再生。用水洗出活性炭微孔中的硫酸，得到稀硫酸，再将活性炭进行干燥；

② 加热再生：对吸附有 SO_2 的活性炭加热，使碳与硫酸发生反应，将 H_2SO_4 还原为 SO_2：

$$2H_2SO_4 + C \Longrightarrow SO_2\uparrow + 2H_2O + CO_2\uparrow$$

再生时，SO_2 得到富集，可用来制硫酸或硫黄。而由于化学反应的发生，用此法再生必然要消耗一部分活性炭，因此必须给予适当补充。

③ 微波再生。针对吸附了 SO_2 后的载硫活性炭，可采用微波辐射方法再生，通过控制再生条件可以达到制取高浓度 SO_2 或回收硫黄的目的，为低浓度 SO_2 的回收利用提供了一条有效途径。

3. 催化法

催化法净化气态污染物是利用催化剂的催化作用，将废气中的有害成分经化学反应转化为无害成分或易于除去的成分。

汽车尾气中含有 NO_x、HC 和 CO 等污染物，在铂、铑、钯等催化剂作用下，可迅速还原成 N_2，氧化成 CO_2 和水。

三元催化器由外壳、载体和涂层组成（见图 4.14）。外壳由不锈钢材料制成，载体一般为蜂窝状陶瓷材料，比表面积较大（50 m^2/g 左右）。在载体孔道的壁面涂有一层非常稀松的活性层，以 γ-Al_2O_3 为主，其粗糙的表面可使壁面的实际催化面积扩大 7 000 倍左右。在涂层表面散布着贵金属活性材料，一般为铂、铑、钯等，外加助催化剂钡或镧。

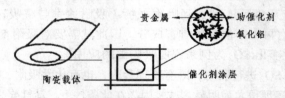

图 4.14 三元催化器的载体和涂层结构

当汽车尾气中的 CO、HC、NO_x 移向催化剂，在贵金属 Pt 的催化作用下，NO 和 O_2 反应生成 NO_2，并以硝酸盐的形式被吸附在碱金属（或稀土金属）表面，同时 CO 和 HC 被氧化反应成 CO_2 和 H_2O 后从催化剂排出，作为还原剂的 CO、HC 和 H_2 还与从碱土金属表面析出的 NO_2 反应，生成 CO_2、H_2O 和 N_2，使碱土金属得到再生。

4. 燃烧法

燃烧法是通过热氧化作用将废气中的可燃有害成分转化为无害物质的方法。

5. 冷凝法

冷凝法净化气态污染物是利用物质在不同温度下具有不同的饱和蒸气压这一性质，采用降低系统温度或提高系统压力（或两者都同时采纳）的方法，使处于蒸气状态的污染物冷凝至液态而从废气中分离出来。

第三节　污染物在大气中的扩散

　　某个地区遭受大气污染的程度主要取决于三个方面：一是污染源排放到该地区的污染物数量；二是该地区的气象条件；三是该地区的下垫面（如地形、地物）情况。

一、影响大气污染的气象因素

　　影响大气污染物扩散的主要气象因素是大气稳定度、风、湍流。

（一）大气稳定度

1. 温度随高度的变化

　　按照垂直方向上大气的组成、温度、密度等物理特性的特点，可把大气划分成若干层次。从大气污染物扩散的基点出发，常采用温度对大气进行分层，如图 4.15 所示。

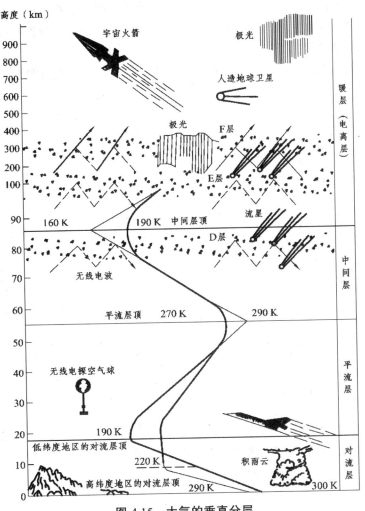

图 4.15　大气的垂直分层

对流层：地球大气的最底层，包含了 80%（质量含量）的地球大气。该层中气温随高度的增加而降低，因而有强烈的对流运动。对流层顶的高度随纬度和季节而变化，热带一般为 16~18 km，中纬度地区一般为 10~12 km，两极约为 8~10 km。地面所观测到的天气现象都出现在该层中。

平流层：对流层顶到 55 km 附近的大气层称为平流层。在平流层底部（对流层顶到约 30 km 处），气温随高度基本不变，在 30 km 以上，气温随高度迅速增加，至 55 km 附近可达 260~290 K。臭氧含量从平流层底随高度逐渐增加，到 22~25 km 附近达最大值，然后随高度再逐渐减少。

中间层：平流层顶到 85 km 左右的大气层称为中间层。该层大气温度的变化与对流层相似，随高度递减，在中间层顶附近，温度降到 150~190 K。

热层：在 85 km 以上，大气温度随高度迅速增加，大约在 500 km 高度附近温度可达 2 000 K。在热层内，空气极为稀薄，而且空气分子处于游离状态。

由于空气污染物的扩散主要发生在对流层，所以仅讨论对流层中大气温度随高度的变化。

这里要用到气团的概念。所谓气团是一个假想的空气团，它在大气中作升降运动时，因压力变化，体积也相应膨胀和压缩，但它和周围环境大气交换的热量可忽略不计，即将气团运动看作是绝热运动过程。

任一高度处大气压力是因为它上面的空气重力产生的，于是很容易推出气压随高度的变化为

$$\frac{\mathrm{d}p}{\mathrm{d}z} = -\rho g \tag{4.19}$$

式中　p——大气压强，Pa；

　　　z——大气层高度，m；

　　　ρ——大气密度，kg/m^3；

　　　g——重力加速度，9.8 m/s^2。

将大气看作理想气体，有

$$p = \rho \cdot \frac{R}{M_a} \cdot T \tag{4.20}$$

于是

$$\frac{\mathrm{d}p}{\mathrm{d}z} = -\frac{pgM_a}{RT} \tag{4.21}$$

式中　M_a——空气的摩尔质量；

　　　T——绝对温度，K；

　　　R——气体常数。

利用热力学第一定律和理想气体的状态方程，当气团作绝热膨胀时，很容易得到如下关系式：

$$\frac{\mathrm{d}T}{\mathrm{d}p} = \frac{RT/(p \cdot M_a)}{\hat{c}_V + R/M_a} \tag{4.22}$$

式中　$\hat{c}_V$——单位质量的空气的比定容热容，J/（kg·K）。

合并式（4.21）和式（4.22），有

$$\frac{\mathrm{d}T}{\mathrm{d}z} = -\frac{g}{\hat{c}_V + R/M_a} = -\frac{g}{\hat{c}_p} \qquad （4.23）$$

式中　$\hat{c}_p$——单位质量的空气的比定压热容，J/（kg·K）。

对于干空气，$\hat{c}_p = 1\ 005$［J/（kg·K）］，于是

$$\frac{\mathrm{d}T}{\mathrm{d}z} = -\frac{9.81}{1005} = -0.009\ 76（\mathrm{K/m}） = -0.976（\mathrm{K/100\ m}）$$

由此可见，干空气团绝热上升时，每升高 100 m，温度下降 0.976 K，将此记为 $r_d = -0.976$（K/100 m），并称为干绝热直减率。

实际上，大气并不总是在作绝热升降运动，因此温度随高度的变化 $r = -\dfrac{\mathrm{d}T}{\mathrm{d}z}$ 并不就等于 r_d。

2. 大气稳定度

大气稳定度就是大气在垂直方向上的稳定程度，它主要取决于大气温度随高度的变化。

考虑一气团在大气中作升降运动，并考虑到 $\rho = p/(RT)$ 后，则其加速度为

$$a = (F_浮 - F_G)/m = (\rho' g V - \rho g V)/\rho V$$
$$= g \cdot \frac{\rho' - \rho}{\rho} = g\left(\frac{T - T'}{T'}\right) \qquad （4.24）$$

式中　a——气团运动的加速度，m/s²；

　　　$F_浮$——气团所受浮力，N；

　　　F_G——气团自身的重力，N；

　　　ρ、ρ'——气团和环境大气的密度，kg/m³；

　　　V——气团体积，m³；

　　　T、T'——气团和环境大气的温度，K。

假设气团在其初始位置时温度为 T_0，环境大气的温度也为 T_0，那么气团绝热上升一段距离 Δz 后温度变为 $T = T_0 - r_d \Delta z$，环境大气温度为 $T' = T_0 - r\Delta z$，于是 $T - T' = (r - r_d)\Delta z$，故式（4.24）变为

$$a = g\frac{r - r_d}{T'}\Delta z \qquad （4.25）$$

从式（4.25）可看出：

$r > r_d$ 时，气团加速度大于零，气团在垂直方向上的运动被加强，此时大气是不稳定的。

$r = r_d$ 时，气团加速度为零，气团可平衡在任意位置，此时大气是呈中性的。

$r < r_d$ 时，气团加速度小于零，气团升降受到阻碍，大气是稳定的。

由此可见，当大气处于不稳定状态时，排放到大气中的污染物会被大气迅速迁移、扩散而稀释；当大气处于稳定状态时，污染就会停留在排放源附近，经久不散，形成高浓度污染。大气稳定度对烟流的影响如图 4.16 所示。

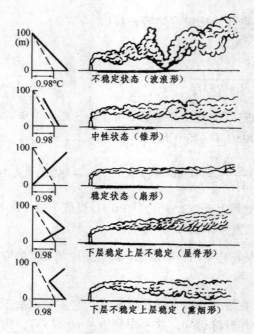

图 4.16 大气稳定度对烟流的影响

（二）风对大气污染的影响

风是指大气的水平运动，风有风向和风速两个要素。风向决定污染物的迁移方向，污染物总是被吹到下风向，所以在污染源的下风向，污染总是最严重的地方。风速决定污染物被稀释的速度，风速越大，短时间内污染物被输送的距离就越远，混进污染物内的空气就越多，污染物的浓度也就越低。

从大气运动的观点出发，对流层中的大气可划分为两层：从地面到约 1 000 m 高空叫行星边界层，该层中的风受水平气压梯度力、地表摩擦力、科氏力的影响；在行星边界层以上是地转风层，该层中的风仅受水平气压梯度力和科氏力的影响。

由于随着高度的增加，地表摩擦力的影响程度逐渐减小，所以行星边界层中风速是随高度增加而增加的。

$$u = u_0 \left(\frac{z}{z_0} \right)^{\alpha} \tag{4.26}$$

式中　u——高度为 z 处的风速，m/s；

u_0——高度为 z_0 处的风速，m/s；

α——风廓线指数。

（三）湍　流

大气呈无规则的、杂乱无章的运动称为大气湍流，其表现为气流的速度和方向随时间和空间位置的不同而随机变化。大气湍流的形成与大气的热力因子和地面的粗糙度有关，前者形成的湍流称为热力湍流，后者形成的湍流称为机械湍流。

大气总是处于永不停息的湍流运动中，排放到大气中的污染物因湍流作用，使之和大气得以充分混合，污染物浓度不断降低。

若大气不存在湍流，那么从排放源出来的烟流就会呈一柱状向下风向移动而不会向四周迅速扩散。湍流对污染物的扩散影响如图4.17所示。

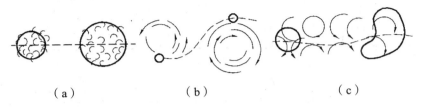

（a）　　　　　　　　（b）　　　　　　　　（c）

图4.17　湍流对污染物扩散的影响

当湍涡尺度小于烟团尺度时［见图4.17（a）］，烟团由于被湍涡扰动，逐渐扩张，污染物浓度得以稀释降低；当湍涡尺度大于烟团尺度时［见图4.17（b）］烟团被湍涡挟带，本身变化不大；当湍涡尺度与烟团尺度相当时［见图4.17（c）］，烟团被湍涡迅速撕裂而变化、扩大，污染物浓度迅速被稀释降低。

二、下垫面对污染物扩散的影响

下垫面的形式是多种多样的：有平原、丘陵、高原，有陆地、沙漠、水面，还有建筑物密集的城市和建筑分散的农村。不同的下垫面其粗糙度不同，它的热力性质不同，因而对气流和气象有不同的影响，进而也就影响了污染物的扩散。

（一）山区下垫面的影响

在山谷地区的白天，谷坡加热较快，临近谷坡的大气温度高而轻；坡间的大气加热较慢，温度低而重。这样，临近谷坡的气流顺坡而上，坡间气流下沉，形成局地环流，如图4.15（a）所示。

夜晚刚好相反，谷坡迅速冷却，临近谷坡的气流温度低而重；坡间气流冷却较慢，温度高而轻。于是气流就顺坡而降，如图4.18（b）所示。

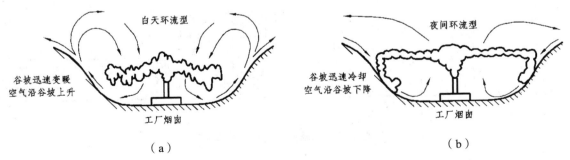

图4.18　山谷昼夜局地环流

由此可见，山谷地区非常容易形成高浓度污染。

山区对污染物扩散的另一种影响是山坡尾流，如图4.19所示。在气流绕过山岭时，迎风坡气流抬升，流线密集，风速加大，而山坡背面由于尾流存在而常常受到严重污染。

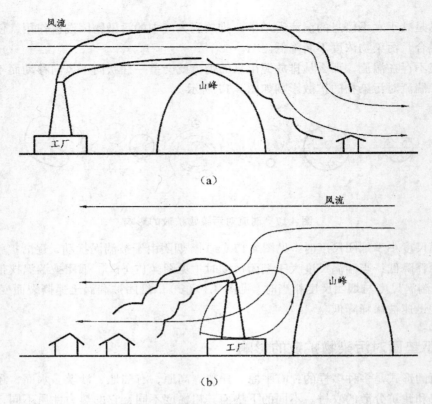

（a）

（b）

图 4.19　山峰对污染物扩散的影响

（二）水陆交界面的影响

白天，陆地加热快，空气温度高而轻，伴随着上升运动，地面气压减小；水面加热慢，空气温度低而重，气压增大。于是风从水面吹向陆地，如图 4.20（a）所示。

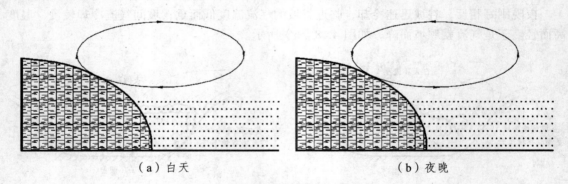

（a）白天　　　　　　　　　　　　（b）夜晚

图 4.20　水陆交界处的大气环流

夜晚，陆地散热快，空气温度低而重，气压增大；水面散热慢，空气温度高而轻，伴随上升运动，气压减小。于是风从陆地上吹向水面，如图 4.20（b）所示。

（三）城市下垫面的影响

城市因热岛效应，在夜晚，城市中心暖而轻的空气上升，周围郊区冷而重的空气下沉，从而在城市与郊区之间形成一个热岛环流（城市风），如图 4.21 所示。在热岛环流作用下，郊区工厂排放的污染物就会吹到城区来，同时城区工厂排放的污染物吹到郊区后，又会吹回来，于是城市中心就会形成高浓度污染。这种情况在主导风为静风时（或小风时）尤为突出。

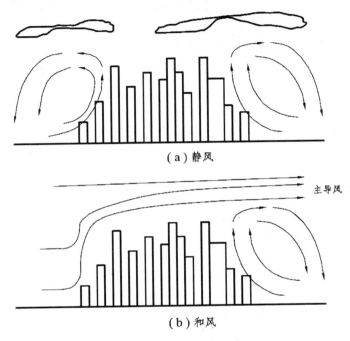

（a）静风

（b）和风

图 4.21　城市热岛环流

三、污染物扩散方程

描述污染物在大气中的扩散规律（也即浓度分布情况）有三种基本理论：梯度输送理论、湍流统计理论和相似理论。

目前，在处理局部污染或小尺度区域污染问题时，常采用的是基于湍流统计理论而建立起来的高斯扩散模式。

（一）扩散方程

以污染源位置为原点 O，风向为 X 轴，Y 轴在水平面上垂直于 X 轴，Z 轴垂直于 XOY 平面且指向天空，见图 4.22。要计算下风向任一处（X，Y，Z）的污染物浓度值，先作如下假设：

（1）污染物浓度在 Y、Z 轴上的分布为正态分布，即在 Y 轴及 Z 轴上分别有 $C = C_0 e^{-ay^2}$，$C = C_0 e^{-bz^2}$。

（2）风只在一个方向作稳定的水平流动，即 $\bar{u}$ =常数。

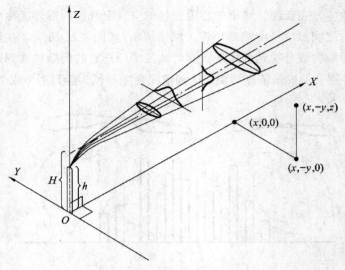

图 4.22　高斯模式坐标系

（3）污染物在扩散中没有衰减或增生，即

$$Q = \int_{-\infty}^{\infty} \int_{-\infty}^{\infty} C\bar{u}\,\mathrm{d}y\mathrm{d}z$$

（4）在 X 轴上，风的水平移流作用远大于湍流扩散作用，即

$$\bar{u}\frac{\partial C}{\partial x} >> \frac{\partial}{\partial x}\left(K_x \frac{\partial C}{\partial x} \right)$$

（5）浓度分布不随时间而变，即

$$\frac{\partial C}{\partial t} = 0$$

（6）地表是平坦的。

根据假设（1）可写出污染物浓度分布函数

$$C(x, y, z) = A(x)\mathrm{e}^{-ay^2}\mathrm{e}^{-bz^2} \tag{4.27}$$

由统计理论可写出方差的表达式

$$\sigma_y^2 = \frac{\int_{-\infty}^{\infty} Cy^2\mathrm{d}y}{\int_{-\infty}^{\infty} C\mathrm{d}y}, \quad \sigma_z^2 = \frac{\int_{-\infty}^{\infty} Cz^2\mathrm{d}z}{\int_{-\infty}^{\infty} C\mathrm{d}z} \tag{4.28}$$

由假设（3）的连续条件可以写出

$$Q = \int_{-\infty}^{\infty} \int_{-\infty}^{\infty} \bar{u}C\,\mathrm{d}y\mathrm{d}z \tag{4.29}$$

将式（4.27）代入式（4.28）可解得

$$a = \frac{1}{2\sigma_y^2}, \quad b = \frac{1}{2\sigma_z^2} \tag{4.30}$$

将式（4.27）和式（4.30）代入式（4.29）得

$$A(x) = \frac{Q}{2\pi \bar{u}\sigma_y\sigma_z} \quad (4.31)$$

将式（4.31）、式（4.30）代入式（4.27）得

$$C(x,y,z) = \frac{Q}{2\pi \bar{u}\sigma_y\sigma_z} \exp\left(-\frac{y^2}{2\sigma_y^2}\right)\exp\left(-\frac{z^2}{2\sigma_z^2}\right) \quad (4.32)$$

式中　$C(x,y,z)$——所求位置（x，y，z）处的污染物浓度，mg/m³；

　　　Q——污染源单位时间排放的污染物量，mg/s；

　　　$\bar{u}$——平均风速，m/s；

　　　σ_y——y 方向上的标准差（水平扩散参数），m；

　　　σ_z——z 方向上的标准差（垂直扩散参数），m。

考虑地面反射和排放源有一定的排放高度，如图 4.23 所示，则有

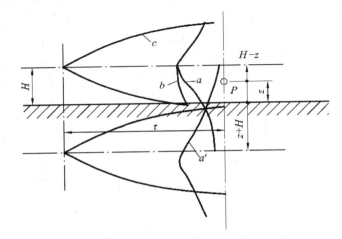

图 4.23　污染物地面反射

$$C(x,y,z) = \frac{Q}{2\pi \bar{u}\sigma_y\sigma_z} \exp\left(-\frac{y^2}{2\sigma_y^2}\right)\left\{\exp\left[-\frac{(z-H)^2}{2\sigma_z^2}\right] + \exp\left[-\frac{(z+H)^2}{2\sigma_z^2}\right]\right\} \quad (4.33)$$

式中　H——烟囱的有效高度，m；

　　　$\bar{u}$——烟囱出口处风速，m/s，用式（4.26）计算。

式（4.33）中有 3 个参数需要估算：σ_y、σ_z、H。

（二）方程参数估值

1. σ_y 和 σ_z 的计算

σ_y、σ_z 是表示大气湍流扩散的主要参数。从高斯扩散模式的推导和扩散的统计理论可以看出，扩散参数 σ_y、σ_z 实际上代表了烟流在 Y 向和 Z 向的扩散幅度，因此扩散参数可以看成是大气稳定度和下风距离的函数，即 $\sigma = f$（大气稳定度，x）。

帕斯奎尔在 1961 年推荐了一种仅需要常规气象资料就可以估算烟气扩散参数的方法，即

$$\left.\begin{array}{l} \sigma_y = \gamma_1 x^{\alpha_1} \\ \sigma_z = \gamma_2 x^{\alpha_2} \end{array}\right\} \qquad (4.34)$$

式中　σ_y、σ_z——Y、Z 方向上的扩散参数，m；

　　　γ_1、γ_2——水平和铅直扩散参数系数，取值见表 4.3 和表 4.4；

　　　α_1、α_2——水平和铅直扩散参数指数，取值见表 4.3 和表 4.4；

　　　x——下风距离，m。

从表 4.3 和表 4.4 可看出，γ_1、γ_2、α_1、α_2 和大气稳定度紧密相关，所以计算 σ_y、σ_z 首先还要划分大气稳定度。

表 4.3　横向扩散参数数据（取样时间为 0.5 h）

扩散参数	稳定度等级（P·S）	α_1	γ_1	下风距离（m）
$\sigma_y = \gamma_1 x^{\alpha_1}$	A	0.901 074 0.850 934	0.425 809 0.602 052	0～1 000 >1 000
	B	0.914 370 0.865 014	0.281 846 0.396 353	0～1 000 >1 000
	B～C	0.919 325 0.875 086	0.229 500 0.314 238	0～1 000 >1 000
	C	0.924 279 0.885 157	0.177 154 0.232 123	0～1 000 >1 000
	C～D	0.926 849 0.886 940	0.143 940 0.189 396	0～1 000 >1 000
	D	0.929 418 0.888 723	0.110 726 0.146 669	0～1 000 >1 000
	D～E	0.925 118 0.892 794	0.098 563 1 0.124 308	0～1 000 >1 000
	E	0.920 818 0.896 864	0.086 400 1 0.101 947	0～1 000 >1 000
	F	0.929 418 0.888 723	0.055 363 4 0.073 334 8	0～1 000 >1 000

表 4.4　垂直扩散参数数据

扩散参数	稳定度等级（P·S）	α_2	γ_2	下风距离（m）
$\sigma_z = \gamma_2 x^{\alpha_2}$	A	1.121 54 1.523 60 2.108 81	0.079 990 4 0.008 547 71 0.000 211 545	0～300 300～500 >500
	B	0.964 435 1.093 56	0.127 190 0.057 025 1	0～500 >500
	B～C	0.941 015 1.007 70	0.114 682 0.075 718 2	0～500 >500
	C	0.917 595	0.106 803	0

108

扩散参数	稳定度等级（P·S）	α_2	γ_2	下风距离（m）
$\sigma_z = \gamma_2 x^{\alpha_2}$	C~D	0.838 628	0.126 152	0~2 000
		0.756 410	0.235 667	2 000~10 000
		0.815 575	0.136 659	>10 000
	D	0.826 212	0.104 634	1~1 000
		0.632 023	0.400 167	1 000~10 000
		0.555 360	0.810 763	>10 000
	D~E	0.776 864	0.111 771	0~2 000
		0.572 347	0.528 992	2 000~10 000
		0.499 149	1.038 10	>10 000
	E	0.788 370	0.092 752 9	0~1 000
		0.565 188	0.433 384	1 000~10 000
		0.414 743	1.732 41	>10 000
	F	0.784 400	0.062 076 5	1~1 000
		0.525 969	0.370 015	1 000~10 000
		0.322 659	2.406 91	>10 000

帕斯奎尔根据太阳辐射情况和地面风速，将大气稳定度划分为六个等级。我国根据国内具体情况，作了修正，具体划分方法见下。

首先根据所在地的经纬度和观测时间算出太阳高度角

$$h_0 = \arcsin[\sin\varphi\sin\delta + \cos\varphi\cos\delta\cos(15t + \lambda - 300)] \qquad (4.35)$$

式中　h_0——太阳高度角，（°）；

　　　φ——当地地理纬度，（°）；

　　　λ——当地地理经度，（°）；

　　　δ——太阳倾角，由表 4.5 查取；

　　　t——观测进行时的北京时间。

根据太阳高度角或云量由表 4.6 查取太阳辐射等级。

根据太阳辐射等级和地面 10 m 高处风速，由表 4.7 查取大气稳定度。

表 4.5　太阳倾角

月	旬	倾角（°）	月	旬	倾角（°）	月	旬	倾角（°）
1	上	−22	5	上	+17	9	上	+7
	中	−21		中	+19		中	+3
	下	−19		下	+21		下	−3
2	上	−15	6	上	+22	10	上	−5
	中	−12		中	+23		中	−8
	下	−9		下	+23		下	−12
3	上	−5	7	上	+22	11	上	−15
	中	−2		中	+21		中	−18
	下	+2		下	+19		下	−21

月	旬	倾角（°）	月	旬	倾角（°）	月	旬	倾角（°）
	上	+6		上	+17		上	-22
4	中	+10	8	中	+14	12	中	-23
	下	+13		下	+11		下	-23

表 4.6　太阳辐射等级

云量（总云量/低云量）	太阳高度角				
	夜间	$h_0 \leq 15°$	$15° \leq h_0 \leq 35°$	$35° < h_0 \leq 65°$	$h_0 > 65°$
≤4/≤4	-2	-1	+1	+2	+3
5～7/≤4	-1	0	+1	+2	+3
≥8/≤4	-1	0	0	+1	+1
≥5/5～7	0	0	0	0	+1
≥8/≥8	0	0	0	0	0

表 4.7　大气稳定度

地面风速（m/s）	太阳辐射等级					
	+3	+2	+1	0	-1	-2
≤1.9	A	A～B	B	D	E	F
2～2.9	A～B	B	C	D	E	F
3～4.9	B	B～C	C	D	D	E
5～5.9	C	C～D	D	D	D	D
≥6	C	D	D	D	D	D

2. 烟气抬升高度的估算

扩散方程式（4.33）中，烟囱有效高度 H 是由两部分构成的：一是烟囱的几何高度 H_s，二是烟气因动力和热力的抬升高度 ΔH。

ΔH 的计算式较多，我国还颁布了标准式，具体计算方法如下：

（1）当风速小于 1.5 m/s 时，

$$\Delta H = 5.50 Q_h^{1/4} \left(\frac{\mathrm{d}T_a}{\mathrm{d}z} + 0.0098 \right)^{-3/8} \tag{4.36}$$

$$Q_h = 0.35 P_a Q_v \frac{T_s - T_a}{T_s} \tag{4.37}$$

式中　$\dfrac{\mathrm{d}T_a}{\mathrm{d}z}$——排气筒几何高度上的大气温度梯度，K/m；

$\quad Q_h$——烟气热排放率，kJ/s；

$\quad P_a$——大气压强，hPa；

$\quad Q_v$——烟囱实际排烟率，m³/s；

T_s——烟气出口温度，K；

T_a——环境大气温度，K。

（2）当风速大于 1.5 m/s，大气为稳定状态时，

$$\Delta H = Q_h^{1/3}\left(\frac{\mathrm{d}T_a}{\mathrm{d}z}+0.009\,8\right)^{-1/3}u^{-1/3} \tag{4.38}$$

式中 u——排气筒出口处风速，m/s，由式（4.26）计算，计算式中 α 取值见表4.8。

其余符号意义同式（4.36）。

表 4.8 各稳定度下 α 的取值

稳定度 地区	A	B	C	D	E·F
城 市	0.1	0.15	0.20	0.25	0.30
乡 村	0.07	0.07	0.10	0.15	0.25

（3）其他情况下 ΔH 的计算。

① 当 $Q_h \geq 2\,100$ kJ/s 且 $T_s - T_a \geq 35$ K 时，

$$\Delta H = n_0 Q_h^{n_1} H^{n_2} u^{-1} \tag{4.39}$$

式中，n_0、n_1、n_2 为有关系数和指数，取值见表4.9；其余各符号的意义与式（4.36）、（4.37）和式（4.38）相同。

表 4.9 n_0、n_1、n_2 的选取

Q（kJ/s）	地表状况	n_0	n_1	n_2
$Q_h > 21\,000$	农村	1.427	1/3	2/3
	城市	1.303	1/3	2/3
$Q_h \geq 2\,100$ 且 $\Delta T \geq 35$	农村	0.332	3/5	2/5
	城市	0.292	3/5	2/5

② 当 $Q_h > 1\,700$ kJ/s 而 $Q_h < 2\,100$ kJ/s 时，

$$\Delta H = \Delta H_1 + (\Delta H_2 - \Delta H_1)\frac{Q_h - 1700}{400} \tag{4.40}$$

$$\Delta H_1 = 2(1.5v_s D + 0.01Q_h)/u - 0.048(Q_h - 1700)/u \tag{4.41}$$

式中 v_s——烟气出口速度，m/s；

D——排气筒出口直径，m。

ΔH_2 按式（4.39）计算，n_0、n_1、n_2 按表4.9中 Q_h 值较小的一类选取。其余符号意义与式（4.36）、（4.37）相同。

③ 当 $Q_h < 1\,700$ kJ/s 时，

$$\Delta H = (1.5v_s D + 0.01Q_h)/u \tag{4.42}$$

式中各符号的意义与式（4.37）、（4.38）、（4.41）相同。

例 4.1 在东经 102°，北纬 30° 的某平原农村，建有一工厂。工厂排放废气的烟囱高度为 120 m，出口内径为 3 m，废气量为 5×10^5 m³/h，烟气出口温度为 100°C，废气中 SO_2 浓度为 1 g/m³。在 2000 年 7 月 18 日早晨 8 时，观测到的当地气象状况是：气温 10°C，云量 3/3，地面风速 1.8 m/s，大气压力 98 000 Pa。试计算此时距烟囱下风向 3 km 处的地面轴线处的废气浓度。

解（1）确定大气稳定度。

首先利用式（4.35）计算太阳高度角，

$$h_0 = \arcsin[\sin\varphi\sin\delta + \cos\varphi\cos\delta\cos(15t + \lambda - 300)]$$

式中，$\varphi = 30°$，$\delta = 21°$（查表 4.5），$t = 8$，$\lambda = 102$，于是

$$h_0 = \arcsin[\sin30\sin21 + \cos30\cos21\cos(15 \times 8 + 102 - 300)] = 20°$$

根据太阳高度角 h_0 和云量 3/3，查表 4.6 得太阳辐射等级为 +1。

根据太阳辐射等级，地面风速 $u = 1.8$ m/s，查表 4.7，得大气稳定度为 B。

（2）计算扩散参数。

查表 4.3 和表 4.4 得

$$\sigma_y = 0.396\ 353x^{0.865\ 014} = 0.396\ 353 \times 3\ 000^{0.865\ 014} = 403.5 \text{（m）}$$

$$\sigma_z = 0.057\ 025\ 1x^{1.093\ 56} = 0.057\ 025\ 1 \times 3\ 000^{1.093\ 56} = 361.8 \text{（m）}$$

（3）计算烟气抬升高度。

首先利用式（4.37）计算烟气热排放率：

$$Q_h = 0.35P_aQ_v\frac{T_s - T_a}{T_s}$$

$$= \frac{0.35 \times 980 \times 5 \times 10^5}{3\ 600} \times \frac{(273 + 100) - (273 + 10)}{273 + 100}$$

$$= 1.15 \times 10^4 \text{（kJ/s）}$$

由于地面风速 >1.5 m/s，且 $Q_h > 2\ 100$ kJ/s，$\Delta T = T_s - T_a = 90$ K>35 K，所以选取式（4.39）计算烟气抬升高度：

$$\Delta H = n_0Q_h^{n_1}H_s^{n_2}u^{-1}$$

查表 4.9 得：

$$n_0 = 0.332，n_1 = 3/5，n_2 = 2/5$$

烟囱出口处风速

$$u = u_{10}\left(\frac{z}{10}\right)^\alpha = 1.8\left(\frac{120}{10}\right)^{0.07} = 2.1 \text{（m/s）}$$

因此 $$\Delta H = 0.332 \times (1.1.5 \times 10^4)^{3/5}120^{2/5}/2.1 = 293 \text{（m）}$$

（4）计算地面污染物浓度。

采用式（4.33），由于计算的是地面轴线处的污染物浓度，所以 $y = 0$，$z = 0$，式（4.33）简化为

$$C_{(x,0,0)} = \frac{Q}{\pi u \sigma_y \sigma_z} \exp\left(-\frac{H^2}{2\sigma_z^2}\right)$$

式中，$Q = 5 \times 10^5 \times 1 \, (\text{g/h}) = 5 \times 10^5 \, (\text{g/h}) = 1.4 \times 10^5 \, (\text{mg/s})$。

烟囱有效高度

$$H = H_s + \Delta H = 120 + 293 = 413 \, (\text{m})$$

所以下风向 3 000 m 处的地面轴线处污染物浓度为

$$C_{(3000,0,0)} = \frac{1.4 \times 10^5}{3.14 \times 2.1 \times 403.5 \times 361.8} \exp\left(-\frac{413^2}{2 \times 361.8^2}\right) = 0.08 \, (\text{mg/m}^3)$$

污染物进入大气后，会与大气中的化学物质发生化学反应，生成新物质，同时随着污染物扩散距离越长，经过的下垫面复杂多样，污染物浓度在纵向上的分布也不呈高斯分布，因此前文推导高斯模式时的那六条假设在现实中根本就不成立，所以扩散方程及方程中的参数要相应地改变才能正确反应污染物在大气中的迁移扩散和化学转化规律。根据大气的运动尺度，对于污染物在 2 ~ 20 km 内扩散时，扩散模式一般采用我国《环境影响评价技术导则 大气环境》（HJ 2.2—2018）推荐的 AERMOD 模式；对于扩散距离为 20 ~ 200 km 的情况，可采用 CALPUFF 模式；扩散距离大于 200 km 时，则一般采用 CMAQ 和 CAMx 模式。

第四节　大气污染综合防治

一、大气污染综合防治的必要性

环境污染就如疾病一样，一旦发生要想治愈就得付出巨大的代价，西方发达国家走过的"先污染后治理"之路就说明了这一点。因此，环境保护重点应在预防，应采取防治结合的原则。

另外，一个区域的环境污染是由多种污染源综合作用造成的，其污染程度与该区域的产业结构、工业布局、能源构成、原材料的组成有直接关系；同时，还与该区域的气象状况、地形地物、人口密度、交通运输、经济政策等有密切关系。所以，环境污染具有区域性、整体性和综合性的特点。仅对单个的污染源的治理，不可能根本解决污染问题，而且还会得不偿失。故环境污染问题必须采取综合防治的措施，采用系统工程的方法，对影响环境质量的多种因素进行综合分析，找出最佳的控制方案，以便同时获得环境效益、经济效益和社会效益。

大气污染作为环境污染的一个最重要部分，只有纳入区域环境污染综合防治中才能真正得到解决。

二、大气污染综合防治措施

（一）多污染源与多污染物协同控制

近年来，我国大气污染治理工作重点主要集中在工业污染源，而对扬尘等面源污染和机动车等移动源污染控制的重视不够，导致了以细颗粒物 $PM_{2.5}$ 和臭氧 O_3 为典型性污染物的现代大气污染。前文已述，$PM_{2.5}$ 除了由污染源直接排放外，另一部分就是 SO_2、NO_x 和 VOC 等前体物在大气中发生光化学反应生成的二次颗粒物，空气中臭氧 O_3 浓度升高也是 NO_x 和 VOC 等前体物在大气中发生光化学反应造成的。因此，要解决现代大气污染问题，必须对各种污染源（工业污染源、移动污染源、扬尘污染源、生活污染源等）排放的各种污染物（颗粒物、SO_2、NO_x 和 VOC）同时进行治理，才能有效减少空气中 $PM_{2.5}$ 和臭氧 O_3 的浓度。

（二）工业布局合理，充分利用大气环境容量

工业布局不合理是造成大气环境容量不能充分利用的直接原因。例如，大气污染源分布在城市上风向，工业污染源和居住区混杂在一起。因此，必须对工业布局进行调整，对哪些选址不当的老污染源要进行搬迁或关闭；对新污染源要将其厂址选择在污染系数最小的方向。

（三）全面实施总量控制与浓度控制相结合

根据大气自净规律，核算出区域的大气环境容量，此容量即是该区域污染源允许排放的总量，在各污染源达到国家规定的排放标准的前提下，再将该允许排放总量分配到源，这样，每个污染源排放的污染物浓度不仅小于国家标准，而且可以保证整个区域的环境质量也能达标。

（四）调整产业结构

以国家产业政策为依据，调整本地区的产业结构（包括行业结构、产品结构、规模结构），以降低污染物排放量。

（五）依靠技术进步推行清洁生产或循环经济

推行清洁生产或循环经济，主要途径有：① 使用无毒原料，提高原料的利用率和转化率；② 改革原有工艺，开发全新流程，采用无废或少废工艺和技术装备；③ 实施清洁产品设计，使产品在销售使用过程中，甚至在使用寿命终结时都对环境无害；④ 发展循环经济，开发工业经济食物链，最大限度地使废物"零"排放。

（六）强化污染源治理

在推行清洁生产和循环经济后，仍有污染物排放的污染源，要加强治理。

（七）绿化造林

绿化造林是防治大气污染的一个经济有效的措施。植物具有吸收各种有害气体和净化空气的功能。茂密的丛林能降低风速，使气流携带的大粒灰尘下降。树叶表面粗糙不平还有绒毛，有的植物还能分泌黏液和油脂，吸附大量飘尘。植物的光合作用吸收 CO_2 和放出 O_2，因而能调节空气成分，起到净化大气的作用。

114

第五节 大气环境问题

一、区域大气环境问题

随着经济的快速发展和城镇化率的提高，城市与城市之间被各类污染源和污染物连在一起，形成了大面积的城市群，城市群的显著特点就是以工业和建筑业为代表的第二产业高度发达，机动车保有量大且高度集中，所以每年都有数万吨大气污染物（烟粉尘、二氧化硫、氮氧化物、扬尘、挥发性有机物等）进入到空气中，导致以细颗粒物（$PM_{2.5}$）和臭氧 O_3 为代表的区域大气复合污染日趋严重。由于城市群人口高度密集（人口数量大且居住集中），一旦发生空气污染，受危害的人群数量巨大，后果十分严重，所以其经济、城市发展与大气环境保护的矛盾十分尖锐，且随着经济的不断发展和城市的不断扩张，这种矛盾还会越来越突出。

图 4.24 简示了大气复合污染的产生和形成过程，图中深色框内表示其化学过程，其余为物理过程。天然源和人为源均会向大气中排放 SO_2、NO_x、VOC 和颗粒物等一次污染物，它们进入大气后，在阳光辐射的作用下，会发生一系列的光化学反应，生成二次污染物，其中最典型的是 $PM_{2.5}$（俗称灰霾）和 O_3。

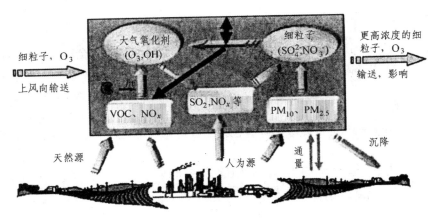

图 4.24 大气复合污染的概念模型（引自王春晓等，《环境化学学科前沿与展望》，P117）

细颗粒物 $PM_{2.5}$ 由一次颗粒物和二次颗粒物组成，一次颗粒物主要是从污染源排放直接进入大气的，二次颗粒物却是前体物在空气中经过化学氧化反应生成的，这些前体物主要包括 SO_2、NO_x 和挥发性有机物 VOC。

大气氧化反应的启动器是羟基自由基（·OH），尽管在对流层中的浓度只有几十 ppt[1]，但它却是一切氧化反应的起源。OH 来源于 O_3 的分解：

$$O_3 + h\gamma \xrightarrow{\lambda < 320\,nm} O_2 + O^*$$

上式中激发态氧原子绝大部分会迅速释放能量变成基态氧原子，基态氧原子 O 又与 O_2 反应生成 O_3，但是却有少部分 O^* 与 H_2O 反应生成 ·OH：

---

① ppt 是液体浓度，即 ng/L（纳克/升）。

$$O^* + H_2O \longrightarrow 2 \cdot OH$$

·OH 是极强的氧化剂，一旦生成，几乎会与空气中所有的微量气体发生反应，如与 SO_2 反应生成 H_2SO_4，与 NO_2 反应生成 HNO_3，H_2SO_4 与 HNO_3 再与阳离子（如 NH_4^+）结合，生成了盐离子，这就是二次细颗粒物（$PM_{2.5}$）的主要来源。

另外，排放到大气的挥发性有机物，在大气氧化剂作用下，易生成二次有机气溶胶，它也是二次颗粒物 $PM_{2.5}$ 的主要来源。

关于对流层中 O_3 浓度的增加，主要是因为有大量的 NO_x 和挥发性有机物（VOC）进入到大气中，主要反应如下：

$$\cdot OH + VOC(+O_2) \longrightarrow RO_2$$

$$RO_2 + NO \longrightarrow RO \cdot + NO_2$$

$$NO_2 + h\gamma \xrightarrow{\lambda < 420 \text{ nm}} NO + O$$

$$O + O_2 \longrightarrow O_3$$

进入大气中的 VOC 与羟基自由基·OH 发生反应生成过氧烷基，再与 NO 反应生成 NO_2，NO_2 在太阳光辐射下（波长 < 420 nm）分解成 NO 和基态原子 O，基态原子 O 与 O_2 反应生成 O_3，导致 O_3 浓度升高。

二、全球大气环境问题

大气污染发展至今已超越国界，其危害范围遍及全球。目前，全球大气环境问题突出表现在三个方面：酸雨、温室效应、臭氧层消耗。

（一）酸 雨

所谓酸雨（Acid Rain）也即酸沉降，包括酸性降雨、酸性降雪、酸性雾以及酸性气溶胶离子等。

溶液酸度是用 pH 值来表示的，定义为[H^+]浓度的负对数。

$$pH = -lg[H^+]$$

在干洁大气情况下，雨水也是呈酸性的，这是因为大气中含有 CO_2，大气中 CO_2 含量一般在 $150 \times 10^{-6} \sim 400 \times 10^{-6}$，如果取标准大气中 CO_2 浓度为 335×10^{-6} 来计算，则雨水中[H^+]浓度为 2.39×10^{-6} mol/L，pH = 5.622。所以，目前人们把 pH 值小于 5.6 的大气降水称为酸雨。近年来，世界许多地区都出现了酸雨。酸雨降到地面，对人类健康、生态系统、物质材料均造成重大危害。

1. 酸雨的形成

酸雨主要是因为 SO_2 和 NO_x 这类大气污染物进入降水中形成的。

2. SO_2 和酸雨

大气中 SO_2 主要来源于人类生产、生活过程中化石燃料的燃烧和矿石的冶炼。进入大气中的 SO_2 经过一系列的转化生成 H_2SO_4，造成降水的酸性升高。

在干燥大气中，SO_2 吸收太阳的紫外线，变成活性 SO_2^* 分子：$SO_2 \xrightarrow{\text{紫外线}} SO_2^*$，活性 SO_2^*

分子再与 O_2 或 O_3 作用生成 SO_3：$SO_2^* + \frac{1}{2}O_2 \longrightarrow SO_3$、$SO_2^* + O_3 \longrightarrow SO_3 + O_2$，$SO_3$ 和水蒸气结合就生成了 H_2SO_4。

在潮湿大气中，SO_2 转化成 H_2SO_4 是和云雾的形成过程同时进行的。大气中的水蒸气在遇到气溶胶粒子时，就以其为凝结核变成小液滴，SO_2 和 O_2 经扩散进入液滴中，SO_2 转化成 H_2SO_3，如果凝结核中含有铁、锰等金属或金属盐成分时，在它们的催化作用下，H_2SO_3 就被液滴中的 O_2 迅速氧化成 H_2SO_4。如果空气中含有 NH_3，那么水滴中的 H_2SO_4 就与 NH_3 结合成（NH_4）$_2SO_4$，进而又加速 SO_2 向 H_2SO_4 的转化。

潮湿大气中 SO_2 向 H_2SO_4 的转化速率比干燥大气中 SO_2 向 H_2SO_4 的转化速率要快得多。

3. NO_x 和酸雨

大气污染物中 NO_x 的主要成分是 NO 和 NO_2，主要来源于化石燃料的燃烧。大气中 NO_x 转化为硝酸，主要包括以下几个过程。

（1）慢反应，O_3 不参加反应：

$$2NO + O_2 \longrightarrow 2NO_2$$
$$3NO_2 + H_2O \longrightarrow 2NO_3^- + NO + 2H^+$$

（2）快过程，O_3 参加反应：

$$NO + O_3 \longrightarrow NO_2 + O_2$$
$$3NO_2 + H_2O \longrightarrow 2NO_3^- + NO + 2H^+$$

（3）NO_2 和 O_3 都达到较高浓度时，出现中间产物 N_2O_5

$$2NO_2 + O_3 \longrightarrow N_2O_5 + O_2$$
$$N_2O_5 + H_2O \longrightarrow 2NO_3^- + 2H^+$$

（4）NO_2 在雾和水滴中，在铁、锰等金属或 SO_2 催化作用下发生如下反应：

$$4NO_2 + 2H_2O + O_2 \xrightarrow{\text{催化剂}} 4NO_3^- + 4H^+$$

不同的气象条件下，上述四种过程占不同的优势。

NO_x 除了本身直接反应形成硝酸外，当它与 SO_2 同时存在时，还可以促进 SO_2 向 SO_3 和 H_2SO_4 转化，加速酸雨的形成。

4. 酸雨的危害

目前，酸雨的危害遍及欧洲和北美，我国的贵阳、重庆和柳州等地区也甚为严重。酸雨的危害主要表现在以下几个方面。

（1）对水生生态系统的影响。酸雨降到地面后，导致湖泊酸化，湖泊内生长的各种鱼虾等动物、水生植物及微生物等都会受到严重影响。

（2）对陆地生态系统的影响。陆地上的植物经叶片气孔和根系吸收大量的酸性物质后，会引起植物机体新陈代谢的紊乱。树木的枝枯叶黄、农作物的枯萎死亡（或生长缓慢），在酸雨严重的地区屡见不鲜。

（3）对土壤的影响。酸雨进入土壤后，改变了土壤的酸碱性，对于原来呈碱性的土壤，对酸雨倒有一定的缓冲能力，对原本就呈酸性的土壤，其酸性就更加增强，从而影响土壤结构成分的变化，影响土壤的肥力，使植物的生长受到影响。

（4）对建筑物的影响。酸雨对建筑物的危害明显表现在腐蚀金属建筑物和石膏建筑物。前者是因为酸雨中的酸与金属作用生成金属盐和气体；后者是因为酸与石膏作用生成别的盐类。

（5）对人类健康的危害。酸性气体被人呼吸后，会严重危害呼吸道系统，造成一系列疾病。同时，酸雨还会污染饮用水源。

5. 酸雨的防治对策

酸雨既然是 SO_2 和 NO_x 造成的，那么，防治酸雨的根本途径就是尽量减少 SO_2 和 NO_x 向大气中的排放量。常采用的措施有以下三种。

（1）使用清洁燃料。这里所说的清洁燃料，是指含硫成分低的燃料，对于高硫燃料，在燃烧之前，必须进行脱硫，或将燃料中的硫进行固化。

（2）改进燃烧方式。改进燃烧技术，在燃烧过程中加入脱硫脱氮试剂或采用低 NO_x 的燃烧设备，降低 SO_2 和 NO_x 的排放量。

（3）增设空气污染控制设备。在含硫含氮废气排入大气前，通过净化设备，对废气进行净化，以除去 SO_2 和 NO_x。

（二）温室效应

1. 温室效应的形成

大气中某些微量气体，对太阳辐射不吸收或很少吸收，对地面的长波辐射却强烈吸收，导致大气升温，这种现象称为温室效应。这类微量气体称为温室气体，主要有 CO_2、CH_4、O_3、N_2O 和 CFC（氟氯烷烃）等，其中 CO_2 的温室作用尤为突出。

2. 温室效应的影响

温室效应对人类的影响主要表现在气候变暖。气候变暖有很大的危害性：一是导致极地和高山上的冰川融化，使海平面上升，淹没沿海城市、粮田和海岛；二是导致农作物生长的紊乱，使粮食产量降低。

3. 控制温室效应的措施

控制温室效应的根本途径是减少大气中温室气体的含量，特别是 CO_2 的含量。

CO_2 主要来源于化石燃料的燃烧，要减少 CO_2 的排放，就必须减少对化石燃料的使用。因此，要大力开发清洁能源来代替化石燃料。较理想的清洁能源有：核能、太阳能、水能、风能等。

另外，绿色植物对减少大气中的 CO_2 含量有持续稳定的作用，所以，应该大力开展植树造林，同时对已有的森林生态系统要切实保护好。

（三）臭氧层耗损

1. 臭氧层破坏的成因

在第三节中曾指出，在距地面 22～25 km 的平流层中集聚着一层臭氧（O_3），这层臭氧对保护地球上的生命和调节地球的气候具有特别重要的作用。但是近年来，由于人类活动排放的一些气体，进入平流层后，与臭氧发生化学反应，大幅度消减了 O_3 的含量，对地球上生命体的生存产生了严重威胁。

导致大气中臭氧减少的主要物质有氟氯烃、溴氟烷烃、N_2O、CCl_4 和 CH_4 等。它们与 O_3 的作用机理如下：

反应	$X+O_3 \longrightarrow XO+O_2$
	$XO+O \longrightarrow X+O_2$
净反应	$O_3+O \longrightarrow O_2+O_2$

反应式中，X 可以是 ClO、BrO、NO、OH、Cl、Br、H 等自由基，氧原子主要来自于 O_2、NO_x、O_3 的光解。

2. 臭氧层消耗的危害

大气层中的臭氧层被破坏后，照射到地球上的紫外线辐射就会急剧增加，对人类、生态系统会产生以下严重的危害。

（1）对人类健康的危害。紫外线辐射会使人患上皮肤癌和白内障疾病。研究表明，平流层中臭氧浓度减少 1%，则人类的皮肤癌的发病率就会增加 3%。紫外辐射还会加速人的皮肤老化和损坏人的免疫能力。

（2）对动物的危害。紫外线辐射可轻而易举杀死动物产出的卵，影响卵生动物的正常繁殖，进而影响整个生态系统结构。紫外线辐射也会减少动物的生存寿命。

（3）对植物的危害。植物受紫外线辐射后，叶片变小，减少了光合作用的面积，导致植物生长得不正常甚至死亡，引起农作物急剧减产。

（4）对材料的危害。紫外线辐射还会影响材料的使用寿命，如塑料老化、油漆裂化等。

3. 防治对策

大气层中臭氧层的消耗，主要是因为消耗臭氧的化学物质引起的。因此，防治臭氧层消耗的基本途径就是减少这些化学物质的排放，其中尤以减少氟氯烃和溴氟烷烃最为重要。氟氯烃和溴氟烷烃主要用于制冷剂和灭火器中，要抑制这些物质的排放，最好的办法就是不使用它们，因此，要大力开发它们的替代品。

思 考 题

1. 大气的演化进程是怎样的？

2. 常见的大气污染物有哪些？

3. 废气中 SO_2 浓度为 $3\,000 \times 10^{-6}$，它的质量浓度是多少？

4. 大气污染对人类有哪些危害？

5. 控制大气污染的最有效途径是什么？

6. 各除尘设备的工作原理是什么？

7. 各气态污染物净化技术的原理是什么？

8. 影响大气污染物扩散的因素有哪些？

9. 按温度特性，大气在垂直方向上分为哪几层？

10. 试推导干绝热直减率 $r_d = -0.98\ \text{K}/100\ \text{m}$。

11. 某火力发电厂，烟囱几何高度为 250 m，二氧化硫的排放量为 500 g/s，大气处于不稳定状态，风速为 2.5 m/s（离地面 10 m 高处），烟囱出口直径为 5 m，排烟速率是 265 m³/s，烟气出口温度为 145℃，环境空气温度是 26℃，大气压强为 100 kPa，试估算下风向某处（4 000 m，50 m，20 m）二氧化硫的浓度。

12. 如何进行大气污染综合防治？

第四章 导学、例题及答案

第五章 固体废物处理与处置

目前，我国环境污染的主要问题是水污染和大气污染。但是，其他的环境污染问题如固体废物的污染也是不可忽视的重要问题，并随着经济的发展和资源的枯竭越显迫切。为此，1995年10月30日全国人民代表大会常务委员会正式审议通过了《中华人民共和国固体废物污染环境防治法》，并于2005年和2020年先后进行了第一次和第二次修订，从而使我国的固体废物污染防治工作正式纳入了法制化的轨道，揭开了我国固体废物污染防治工作的新篇章。

本章将简要介绍固体废物的基本概念、主要来源、分类、基本处理技术及其管理方法和体系。

第一节 固体废物的来源及其危害

一、固体废物的概念

按《中华人民共和国固体废物污染环境防治法》的定义：固体废物（Solid Waste）是指在生产建设、日常生活和其他活动中产生的污染环境的固态、半固态废弃物质。一般来讲，来自工业、交通等生产活动中的固体废物称工业固体废物（Industry solid waste），来自日常生活活动中的废物则称为垃圾（Refuse）。

固体废物是一个具有相对性的概念，因为，往往从一个生产环节看，被丢弃的物质是废物，是无用的，但对另一生产环节又往往可作为生产原料，是有用的。维持人类社会一切活动的物料，都处于动态平衡过程中，并遵循质量守恒规律，人类社会的活动，相对于环境而言，都只不过是在开发、利用物料，并最终以废物的形式等量回归于环境之中，这就形成了社会物流循环系统。在此物流循环系统中，物料循环愈大，原料消耗愈少，最终废物就愈少。故处理固体废物要遵循减量（Reduce）、重复利用（Reuse）和回收使用（或循环使用）（Recycle）原则，或称3R原则。

二、固体废物的来源

固体废物来自于人类活动的许多环节，主要包括生产过程和生活过程的各个环节，如表5.1所示。

表 5.1　固体废物的主要来源

发 生 之 源	产 生 的 主 要 固 体 废 物
矿 业	废石、尾矿、金属、废木、砖瓦和水泥、砂石等
冶金、交通、机械等工业	金属、渣、砂石、模型、芯、陶瓷、涂料、管道、绝热和绝缘材料、黏结剂、污垢、废木、塑料、橡胶、纸、各种建筑材料、烟尘等
建筑材料工业	金属、水泥、黏土、陶瓷、石膏、石棉、砂、石、纸、纤维等
食品加工业	肉、谷物、蔬菜、硬壳果、水果、烟草等
橡胶、皮革、塑料等工业	橡胶、塑料、皮革、布、线、纤维、染料、金属等
石油化工工业	化学药剂、金属、塑料、橡胶、陶瓷、沥青、污泥油毡、石棉、涂料等
电器、仪器仪表等工业	金属、玻璃、木、橡胶、塑料、化学药剂、研磨料、陶瓷、绝缘材料等
纺织服装工业	布头、纤维、金属、橡胶、塑料等
造纸、木材、印刷等工业	刨花、锯末、碎木、化学药剂、金属填料、塑料等
居民生活	食物、垃圾、纸、木、布、庭院植物修剪物、金属、玻璃、塑料、陶瓷、燃料灰渣、脏土、碎砖瓦、废器具、粪便、杂品等
商业、机关	除与"居民生活"源相似外，另有管道、碎砌体、沥青、其他建筑材料，含有易爆、易燃、腐蚀性、放射性的废物以及废汽车、废电器、废器具等
市政维护、管理部门	脏土、碎砖瓦、树叶、死禽畜、金属、锅炉灰渣、污泥等
农 业	秸秆、蔬菜、水果、果树枝条、糠秕、人和禽畜粪便、农药等
核工业和放射性医疗单位	金属、含放射性废渣、粉尘、污泥、器具和建筑材料等
旅客列车	纸、果屑、残剩食品、塑料、泡沫盒、玻璃瓶、金属罐、粪便等

三、固体废物的分类

固体废物的分类方法很多，按组成成分可分为有机废物和无机废物；按形态可分为固态与半固态（污泥）废物；按危害状况可分为有害废物与一般废物。为便于管理，通常按其来源进行分类。根据固体废物的来源可分为以下几类。

1. 工业固体废物

是指在工业生产及加工过程中产生的废渣、粉尘、碎屑、污泥等。如金属冶炼过程中排出的残渣；石油工业炼油过程中排出的碱渣、酸渣、浮渣、含油污泥；食品工业排出的谷屑、下脚料、渣滓；在各种矿山开采过程中从主矿上剥离下来的各种围岩（废石）和在选矿过程中提取精矿以后的尾渣（尾矿），等等。

2. 城市生活垃圾

主要是指居民生活、商业活动、市政建设与维护、机关办公等过程中产生的固体废物。如生活垃圾、城建渣土、废纸、废物废品、粪便、污泥等。列车垃圾可包括在内。

3. 农业固体废物

是指在农业生产、畜禽饲养、农副产品加工以及农村居民生活活动中排出的废物。如植物秸秆、人和禽畜粪便等。

4. 危险废物

是指列入国家危险废物名录或鉴别具有危险废物特性（毒性、易燃性、反应性、腐蚀性，爆炸性、传染性和放射性）等可能对人类的生活环境产生危害的废物。

四、固体废物的危害

随着经济的不断增长，生产规模的不断扩大，人类需求的不断增加，随之而来的固体废弃物排放量也就不断增长。表5.2列出了我国工业固体废物的产生量增长情况。由此可见，自21世纪以来，我国的工业固体废物增长十分迅速，与经济发展是同步的。

表5.2 我国工业固体废物产生量增长情况

年　份	2002	2004	2006	2008	2010	2012
工业固体废物（10^4t）	94 509	120 030	151 541	190 127	240 994	332 509

据统计，我国200万以上人口的城市，人均日排生活垃圾1 kg以上，中小城市为$1.1\sim$1.3 kg。2014年我国城市生活垃圾清运总量为1.71亿吨。且每年还在不断递增。固体废物排放量的增长，给环境带来了一系列的问题，其危害有以下几个方面。

1. 侵占土地

据统计，我国单是工业固体废物累计堆放量就达60亿t以上，占地约80万亩。城市垃圾任意侵占农田的现象，在我国许多城市都存在。资料表明，全国每年被垃圾所占用的土地可达数万亩之多。

2. 污染土壤

土壤是植物、农作物赖以生存的基础，特别是对土壤中的微生物有着重要作用。但是，若在其上堆放固体废物（尤其是有害废物），经过风化、雨雪淋溶、地表径流侵蚀，产生高温并使有毒液体渗入土壤，从而杀死其中的微生物，破坏土壤的腐解能力，导致草木不生或使蔬菜、农作物受污染。英国、美国和我国都有过因固体废物堆放造成大片土地、草原受污染，致使居民被迫搬迁的沉痛教训。据统计，我国受工业废渣污染的农田约有25万亩之多。

3. 污染水体

固体废物对水体的污染形式多样，若固体废物倾倒于江、河、湖、海中，则会直接污染水体；另外，若堆放于露天，则可能随风飘移落入水体，或滤液下渗，经地表径流使地表水、地下水受污染。如我国一家铁合金厂的铬渣堆场，由于缺乏防渗措施，六价铬污染了附近20 km²的地下水，致使7个自然村的1 800多眼水井无法饮用。工厂为此花费7 000万元用于赔偿和采取补救措施。我国某锡矿山的含砷废渣长期堆放，随雨水渗透，污染水井，曾造成一次108人中毒，6人死亡的恶性事件。某市的一处垃圾填埋场，地下水浓度、色度和锰、铁、酚、汞含量及总细菌数、大肠杆菌数等都超过标准许多倍，如汞超29倍，细菌总数超4.3倍，大肠杆菌超41倍。据有关资料介绍：典型垃圾浸沥液其BOD_5达30 000 mg/L，COD达45 000 mg/L，可见，其对环境的危害不容忽视。

4. 污染大气

固体废物在收运和堆放过程中未进行密闭处理，垃圾微粒、灰尘可能在大气中飘散，直接污染大气；垃圾由于厌氧发酵而产生的CH_4、H_2S、NH_3等有害气体也污染大气环境，控制不好甚至会产生爆炸等危害事件，如重庆、北京等地皆发生了此类事件；此外，在固体废物焚烧过程中将产生大量的废气、粉尘，若处理不当，对环境的污染也不可忽视。

5. 影响市容环境卫生

城市生活垃圾极易发酵腐化，产生恶臭，招引鼠鸟，孳生蚊虫、苍蝇及其他害虫，有害城市卫生，易引起疾病传播。城市的清洁文明，很大程度上与垃圾的收集、处理相关，尤其是在风景名胜区及国家卫生城市，垃圾不妥善处理，其不良影响极大。

因此，固体废物的处理是环境科学与工程学科研究的重要任务之一。

第二节　固体废物处理与处置的基本技术

一、概　述

固体废物的处理通常是指通过物理、化学、生物、物化及生化等方法把固体废物转化为适于运输、储存、利用或处置的过程。而固体废物的处置（Dispose）是指将固体废物最终置于符合环境保护规定要求的场所或设施以保证有害物质现在和将来不对人类和环境造成不可接受的危害。固体废物处置也称作最终处理。由于固体废物种类繁多、成分复杂，比如城市垃圾，不仅成分复杂，而且还随当地的经济技术发展状况、生活水准的高低以及习俗的差异而变化，因此，固体废物处理应因地制宜地采取相应技术。概括起来，固体废物处理有以下几大类方法。

1. 物理处理

即使固体废物形态改变而化学性质不变的处理方法，比如压实、破碎、分选、增稠、吸附、萃取、脱水、干燥等。

2. 化学处理

即使用化学方法使固体废物的有害成分被破坏而达无害化，或使其转变成更易处理、处置的形态的方法。化学方法往往只对成分单一或相似的废物有效。常见的化学方法有氧化、还原、中和、化学沉淀和化学溶出等。

3. 生物处理

即使用微生物分解固体废物中可降解的有机物，从而达无害化或综合利用的方法，包括好氧处理、厌氧处理和兼性厌氧处理等方法。卫生填埋、堆肥处理即属此。

4. 热处理

即通过高温破坏并改变固体废物的组成、结构，从而达到减少容量、无害化和综合利用的方法。包括焚烧、热解、湿式氧化、熔烧、烧结等。

5. 固化处理

即采用固化基材料将废物固定并包覆起来，以降低其对环境危害的一种方法。这种方法主要针对有害废物和放射性废物。常用的固化基材料有水泥、沥青、塑料、玻璃、石灰、水玻璃等。安全填埋法即属此。

对于城市垃圾，主要有填埋（卫生填埋）、堆肥、焚烧三种处理方法，如表5.3所示。目前，国外多采用填埋和焚烧处理，并正向焚烧回收热能方向发展。由于我国是一个发展中国家，与国外相比（见表5.4），我国垃圾成分有以下几个特点。

表 5.3　部分国家垃圾处理方法比例（%）（据龙吉生，1995）

国　家	填埋处理	焚烧处理	堆肥处理
荷　兰	45	51	4
瑞　典	35	55	10
瑞　士	20	80	
挪　威	79	14	7
丹　麦	18	70	12
奥地利	59.8	16.2	24
联邦德国	45.5	50.5	4
法　国	40	38	22
英　国	88	11	1
比利时	62	29	9
意大利	68	24	
美　国	75	10	5
日　本	23	72.8	4.2
新西兰	64	30	6
澳大利亚	65	24	11

表 5.4　国内外垃圾成分比较

类别\地区	有机类（%）					无机类（%）				
	动植物、厨房垃圾	纸张	塑料、橡胶	破布	合计	煤渣、土砂等	玻璃、陶瓷	金属	其他	合计
美　国	22	47	4.5		73.5	5	9	8	4	26
英　国	28	33	1.5	3.55	66.0	19	5	10		34
日　本	13.6	46	18.3		82.9	6.1			10.7	16.8
联邦德国	16	31	4	2	53.0	22	13	5.2	7	47.2
法　国	15	34	4	3	56.0	22	9	4	9	44
荷　兰	50	22	6.2	2.2	80.0	4.3	11.9	3.2		19.4
比利时	40	30	5	2	77.0	5	8	5.3	22.9	
福　州	21.8	0.53	0.48		22.80	62.22	1.1	0.5	3.4	67.23
上　海	42.7	1.63	0.40	0.47	45.2	53.79	0.43	0.53		54.75
北　京	50.29	4.17	0.61	1.16	56.23	42.27	0.92	0.80		43.9

类别 地区	有机类（%）					无机类（%）				
	动植物、厨房垃圾	纸张	塑料、橡胶	破布	合计	煤渣、土砂等	玻璃、陶瓷	金属	其他	合计
武　汉	26.53	2.36	0.31	0.74	29.94	68.00	0.85	0.17	1.04	70.06
广　州	38.60				38.60	55			5.0	60.0
哈尔滨	16.62	3.6	1.46	0.5	22.18	74.71	2.22	0.83		77.81
南　宁	14.57	1.83	0.56	0.6	17.56	81.50	0.64	0.47		82.44
乐　山	16.45	1.04	0.23	0.54	18.26	80.27	0.36	0.53	0.58	81.74

（1）无机类物含量高，可燃烧物含量低。

（2）有机类物质中，纸张、橡胶等高热值物质少，即垃圾热值低。

（3）有机类垃圾中以厨房废余料为主体，且垃圾受雨水淋湿严重，故含水率高。

由于我国经济能力有限，故国外垃圾处理的有效方法在我国并不一定适用。目前，填埋处置方法在我国较普遍。而焚烧方法主要在经济发达的大城市采用，但它是未来的发展方向。

下面分别对几种常见的固体废物处理处置的基本技术作一简要介绍。对放射性固体废物的处理见第六章。

二、固体废物的压实、破碎、分选技术

（一）压实技术

即用机械方法使固体废物体积减小、容重增大的一种技术，压实后便于运输和管理。生活垃圾压实后，体积可减少 60%～70%。图 5.1 是两种常用的压实机械，其中 5.1（a）适用于金属类废物压实，图 5.1（b）适用于城市垃圾压实。

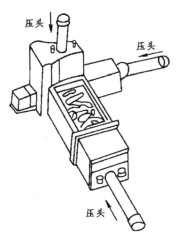

（a）三向联合压实器

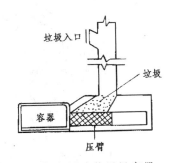

（b）高层建筑用压实器

图 5.1　固体废物压实器

近年来，日本采用了一种高压压实新技术处理城市垃圾，压强约 25.8 MPa，垃圾密度则达 11.2～13.8 t/m³。且由于高压，使固体废物在挤压过程中升温发酵，从而使垃圾中 BOD_5 从 6 000 mg/L 降至 200 mg/L，COD 从 8 000 mg/L 降至 150 mg/L，垃圾块已致密化为均匀的类塑料结构的惰性材料，自然暴露在空气中 3 年都未有明显降解迹象。

当然，压实也会对后续的处理产生不利影响，如压实后对分选不利，因为挤压会产生水分，以致物质粘连，不利于垃圾分类，对综合利用产生不利影响，故应综合考虑选择使用。

（二）破碎技术

破碎技术是使用外力把大块固体废物分裂成小块的过程。破碎可使固体废物颗粒尺寸变小，质地更均匀，体积减小，容重增大，更易于压实，对后续处理很有利。如破碎可使固体废物比表面积增大，可提高焚烧、热分解等作业的稳定性和热效率；垃圾破碎后填埋，因压实密度高而均匀，可使覆土加快还原等。破碎的基本方法有五种（见图 5.2）。几种具有代表性的破碎机如图 5.3 所示。

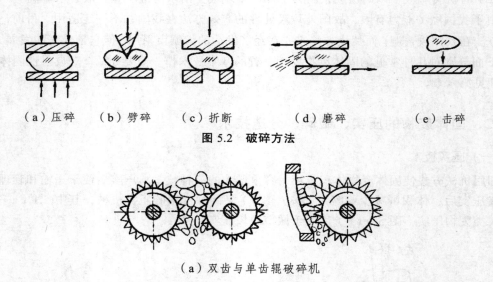

（a）压碎　　（b）劈碎　　（c）折断　　（d）磨碎　　（e）击碎

图 5.2　破碎方法

（a）双齿与单齿辊破碎机

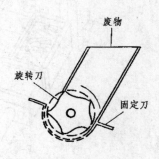

（b）Hazemag 型冲击式破碎机　　　　（c）旋转剪切式破碎机

图 5.3　几种破碎机示意图

（三）分选技术

分选技术即用人工或机械的方法把固体废物分门别类地分离开来，回收利用有用物质，或分离出不利于后续处理工艺的物料的一种废物处理方法。分选的方法很多，手工拣选是最古老的方法，适用于废物产源地、收集站、处理中心、转运站或处理场，迄今就是在发达国家也在采用，只是集中在大的转运站和处理中心的废物传递带两旁进行。机械分选是根据废物的黏度、密度、磁性、电性、充电性、摩擦性、弹性以及表面润湿性的差异而设计的分选方法，主要的有筛选、风选、浮选、光选、磁选、静电分选、重力分选等，如表 5.5 所示。代表性的分选设备示意图如图 5.4 所示。

表 5.5　分选方法比较

分选技术	分选的物料	预处理要求	应用评述
固体废物产源地手工拣选	废纸、钢铁类、非铁金属、木材等	不需要	适用于商业、工业与家庭垃圾收集站拣选皱纹纸、高质纸、金属、木材等，经济效益取决于市场价格
固体废物转运站、处理中心分选：手工拣选、风力分选	废报纸、皱纹纸等可燃性物料	不需要	比在产源地分选更加经济，取决于劳动力费用。除适于轻组分中的可燃性物料分选，也可用于重组分中的金属、玻璃等资源的分选
筛选	玻璃类	可不预处理，或先破碎与风力分选	在分选碎玻璃时，一般要先经破碎处理与风选，主要适用于由重组分中分选玻璃
浮选	玻璃类	破碎，浆化	该法必须注意水污染控制，费用较高
光选	玻璃类	破碎，风选	从不透明的废物中分选碎玻璃，也可用于由彩色玻璃中分选硬质玻璃
磁选	铁金属	破碎，风选	大规模应用于工业固体废物与城市垃圾的分选
静电分选、重介质分选	玻璃类、铝及其他非铁金属	破碎、风选、筛选	必须通过实验后才能选用。通过调整介质的密度，分离多种不同金属，每种物质需用一组介质分离单元

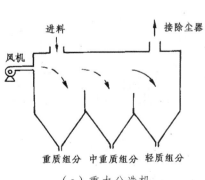

（a）重力分选机

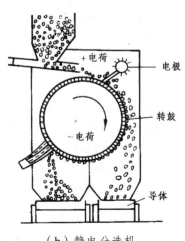

（b）静电分选机

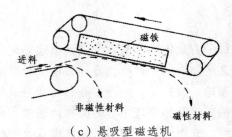

（c）悬吸型磁选机

图 5.4　分选设备示意图

三、固体废物的热处理

固体废物的热处理技术中，最常用的为焚烧技术。焚烧处理即是在高温（800～1 000℃）下，通过燃烧，使固体废物中的可燃成分转化成惰性残渣，同时回收热能，这对于处于能源危机的世界来说无疑是有重要作用的，也是近些年来这项技术在发达国家得以广泛应用的原因。通过燃烧，可使固体废物进一步减容，城市垃圾经燃烧后可减小体积 80%～95%，质量将降低 75%～80%，同时可以较彻底地消灭各种病原体，消除腐化源。相比之下，燃烧处理占地面积小，适用范围广，可全天候操作，无地下水污染源等。但是，燃烧处理也有明显缺陷，首先，仍然存在二次污染，燃烧仍然要排出灰渣、废气，特别是近年来出现的"二噁英"（DIOXIN，即两个氧键连接两苯环的有机氯化物），其毒性比氰化物大 1 000 倍，使人忧心忡忡；其次是单位投资和处理运转成本较高；再次，就是对废物有一定要求，即要求其热值至少大于 5 000 kJ/kg。因此，对经济不发达的国家和地区来说，城市垃圾几乎都达不到此要求，故很难推广使用。

焚烧一般要经历脱水、脱气、起燃、燃烧、熄灭等过程。控制此过程的因素主要有三个，即时间、温度和燃料与空气混合的湍流程度。一般人认为，燃烧时间与固体废物粒度的平方近似成正比，粒度越细，其与空气的接触面积越大，燃烧进行就越快，废物停留时间就越短。另外，燃烧中氧气浓度越高，燃烧速度和质量就越高，因此，必须使燃料中有足够的空气流动，燃料与空气的湍流混合度越高，对燃烧的进行越有利。

一般来讲，焚烧的工艺包括固体废物的储存、预处理、进料系统、燃烧室、废气排放与污染控制、排渣、监控测试、能源回收等组成部分，如图 5.5 所示。代表性的燃烧炉如图 5.6 所示。

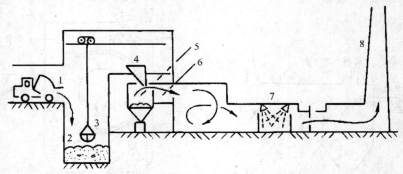

1—运料卡车；2—储料仓库；3—吊车抓斗；4—装料漏斗；
5—点火装置；6—燃烧室；7—废气净化装置；8—烟囱。

图 5.5　典型城市垃圾燃烧系统

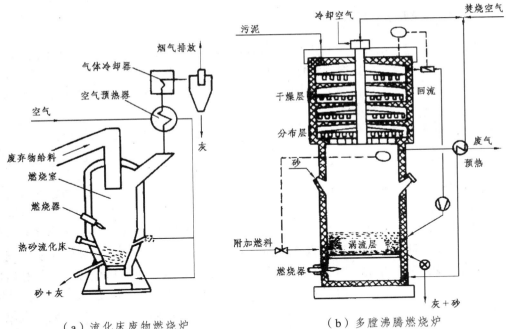

（a）流化床废物燃烧炉　　　　　　（b）多膛沸腾燃烧炉

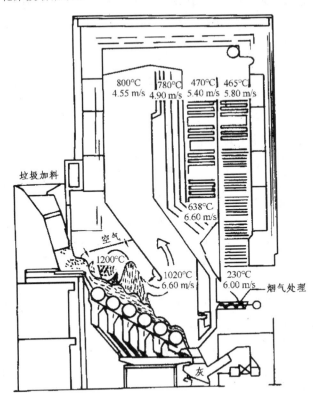

（c）炉箅式焚烧炉炉膛结构剖面图

图 5.6　垃圾燃烧炉

四、固体废物的填埋处置

填埋处置亦称卫生填埋，是利用工程手段将垃圾减容至最小，填埋点的面积也最小，并在每天操作结束后或每隔一定时间都覆以土层，使整个过程对公共卫生及安全均无污染或危险的一种最终处理方法。现代卫生填埋场主要由防渗系统、封场覆盖系统、渗滤液导排系统以及填埋气体收集利用系统等组成。

填埋处置技术的关键是解决选址、工艺设计、渗滤液和废气的处理等问题。

（一）场地选择

场地选择一般要考虑容量、地形、土壤、水文、气候、交通、距离与风向、土地征用和废物开发利用等诸多问题。

一般来讲，填埋场容量应满足 10 年以上的使用寿命。初步规划时可用图 5.7 所示的方法估算需用面积，即先以固体废物日产量为基点作垂线，与已确定的填埋物压实密度线相交，再由此交点作横坐标的平行线交于确定的埋深线，该点对应的横坐标即为估算所需用的有效面积，再乘以 1.2～1.4 的系数作为辅助作业面积。填埋地形要便于施工，避开洼地，地面泄水能力要强，要容易取得覆盖土壤，土壤要易压实，防渗能力要强；地下水位最少应不低于场底 1.5 m，蒸发大于降水区最好；交通要方便，具有能在各种气候下运输的全天候公路，运输距离要适宜，运输及操作设备噪声要不至影响附近居民的工作和休息；填埋场地应位于城市下风，避免气味、灰尘飘飞对城市居民造成影响，最好选在荒芜的地价较廉的地区。

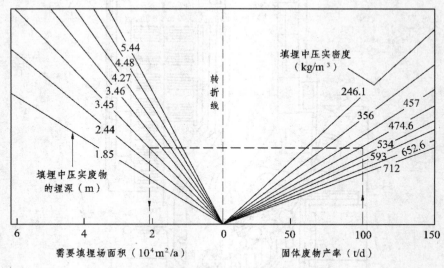

图 5.7 填埋场面积估算图

（二）填埋方法的选择

常用的填埋方法有沟槽法、地面法、斜坡法、谷地法等，如图 5.8 所示。

填埋法的操作灵活性较大，具体采用何种方法，可根据垃圾数量以及场地的自然条件确定。

130

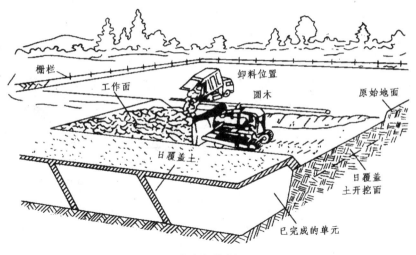

（a）沟槽法垃圾填埋

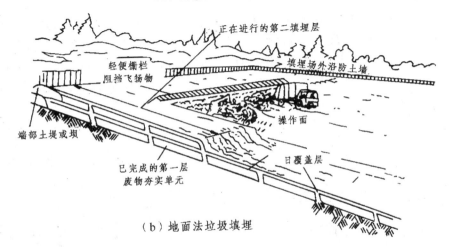

（b）地面法垃圾填埋

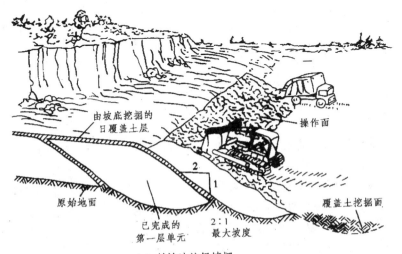

（c）斜坡法垃圾填埋

131

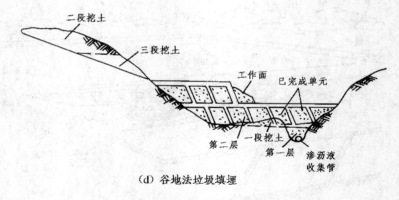

(d) 谷地法垃圾填埋

图 5.8 垃圾填埋方法

（三）填埋场气体的控制

当固体废物（垃圾）进入填埋场后，由于微生物的生化降解作用会产生好氧与厌氧分解。填埋初期，由于废物中空气较多，垃圾中的有机物开始进行好氧分解，产生 CO_2、H_2O、NH_3，这一阶段可持续数天，但当填埋区氧被耗尽时，垃圾中的有机物开始转入厌氧分解，产生 CH_4、CO_2、N_2、NH_3、H_2O 以及 H_2S 等。因此，应对这些废气进行控制或收集利用，以避免二次污染，常用的控制、收集方法如图 5.9 所示。

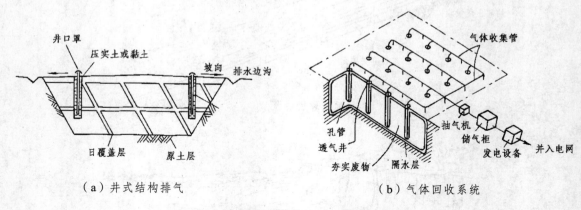

（a）井式结构排气　　　　　　　　　　（b）气体回收系统

图 5.9 填埋场气体控制、收集系统

（四）渗滤液的控制

填埋场渗滤液一般源于降雨、地表径流、地下水涌出、废物体本身水分。渗滤液成分较复杂，其典型成分如表 5.6 所示。

由表可见，渗滤液属高浓度有机废水，若不加以控制必然对环境造成严重危害。常用的措施是设置防渗衬里，即在底部和侧面设置渗透系数小的黏土或人工合成膜（如 HDPE 膜）隔层，并设置收集系统，用泵把渗滤液抽到处理系统进行集中处理。此外还应采取控制雨水、地表水流入的措施，减小渗滤液的量，如图 5.10 所示。

表 5.6　城市垃圾填埋场典型渗滤液成分

成　分	浓　度　（mg/L）	
	范　围	典　型　值
BOD_5	2 000～30 000	10 000
TOC	1 500～20 000	6 000
COD	3 000～45 000	18 000
总悬浮固体	200～1 000	500
有机氮	10～600	200
氨　氮	10～800	200
硝酸根	5～40	25
总　磷	1～70	30
有机磷	1～50	20
碱度（以 $CaCO_3$ 计）	1 000～10 000	3 000
pH	3.5～8.5	6
总硬度（以 $CaCO_3$ 计）	300～10 000	3 500
Ca^{2+}	200～3 000	1 000
Mg^{2+}	50～1 500	250
K^+	200～2 000	300
Na^+	200～2 000	500
Cl^-	100～3 000	500
SO_4^{2-}	100～1 500	300
总　铁	50～600	60

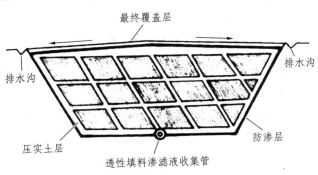

图 5.10　渗滤液控制措施

五、固体废物（城市生活垃圾）堆肥处理

固体废物堆肥处理是在一定温度、湿度条件下，利用微生物使固体废物中的有机物发生生物化学降解，从而形成一种类似腐殖质土壤的物质（肥料）的一种固体废物处理方法，主要适用于城市垃圾处理。根据处理过程中起作用的微生物对氧气要求的不同，堆肥处理方法有好氧堆肥和厌氧堆肥法两种。好氧堆肥就是在通气条件下借助好氧性微生物活动使有机物得到降解，其机理如图 5.11（a）所示。由于此过程温度可达 50～60℃（极限高达 80～90℃），所以又称高温堆肥。厌氧堆肥是指在无氧的条件下，借助厌氧微生物（主要是厌氧菌）使有机固体物降解，其机理如图 5.11（b）所示。

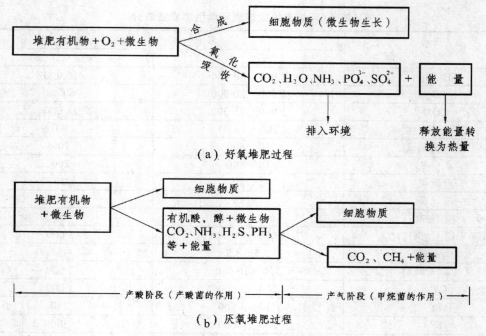

（a）好氧堆肥过程

（b）厌氧堆肥过程

图 5.11　堆肥工艺过程示意图

由于厌氧堆肥占地大，时间长（10 个月以上），且环境差，仅适于农家堆肥。目前，现代化的堆肥技术一般都采用好氧堆肥工艺。好氧堆肥一般由前处理、主发酵（一次发酵）、后发酵（二次发酵）、后处理、储藏等工序组成。

前处理主要是调整水分、C/N 比，添加菌种和酶，去除非堆肥物，破碎粗大块物等。主发酵期约 3～10 d，后发酵是主发酵阶段的继续，即将主发酵工序尚未分解的有机物进一步分解，通常需 20～30 d。后处理就是对两次发酵后的物料进一步进行分选，去除杂物（如预处理未去完的塑料、玻璃、陶瓷、金属、小石块等），然后再破碎、筛分。储藏是因为堆肥一般在春秋季才使用，在夏冬季就必须积存，故需修建储量达 6 个月生产量的设备，要求储存池（或储存袋）保持干燥、透气、避免受潮等。

垃圾中有机物含量、水分、温度、C/N、P/N、pH 值等都是影响堆肥的重要因素。有机物最合适的含量为 20%～80%，过低必将影响发酵过程和产品质量，过高又会给通风造成困难。含水量在 50%～60% 最有利于微生物分解，水分过高则温度难以升高，水分太低则不利于微生物生长需要，有机物也难以分解。最佳的发酵温度为 50～60 ℃，过低则将大大延长堆肥腐熟的时间，而过高的温度（>70 ℃）则对微生物的生长产生危害。堆肥原料的 C/N 比以 30 为宜，过高会影响发酵温度上升速度，过低又将影响到达的最高温度；熟化成品肥中 C/N 比以 10～20 为宜，否则造成堆肥中 N 饥饿，影响肥力。P/N 宜调节在 70～150 为宜。pH 值宜中性或弱碱性为宜，过高过低都会影响堆肥效果。

堆肥质量的好坏，各个国家都有一定的质量标准来检验。我国堆肥的质量标准为：有机质含量≥10%，N≥0.5%，P≥0.3%，K≥1.0%，杂质≤3.0%，粒度≤12 mm，蛔虫卵死亡率为 95%～100%，大肠杆菌值为 10^{-2}～10^{-1}，Ca≤3 mg/kg，Hg≤5 mg/kg，Pb≤100 mg/kg，总 Cr≤300 mg/kg，As≤300 mg/kg。

134

第三节 固体废物的管理

固体废物的有效管理是控制固体废物污染的有效途径。固体废物的管理遵循"三化"原则、全过程管理原则和循环经济原则。

一、固体废物管理的"三化"原则

"三化"原则是指固体废物的处理目标，也是管理目标，"三化"即减量化、资源化、无害化。

1. 减量化

我国固体废物的产生量和排放量皆巨大，如工业固体废物年产生量在 3×10^9 t 以上，城市垃圾 1.9×10^8 t 以上。减量化就是通过适当的管理和技术方法减少固体废物的产生量和排放量。减量化可以从固体废物的数量、体积、种类、危害成分减少等多方面削减。从固体废物产生的源头、过程中皆可进行减量化。

2. 资源化

目前，人类面临着资源短缺和废物污染环境的双重压力，已逐渐威胁着人类自身的生存。一方面资源告急，另一方面废物堆积如山，污染环境。而资源化就是指采取管理和技术方法。从固体废物中回收有用物质和能源。应该说资源化是固体废物管理的最佳方法。固体废物是一相对性概念，因为从一个环节看，被丢弃的物质是废物，是无用的，而从另一生产环节看又往往可作为生产原料，是有用的。资源化主要有三方面：一是物质回收，即直接从废物回收二次物质，如纸张、玻璃、金属等；二是物质转化，即将废物作为原料加工成备用物质（材料）；三是能量转化，即从废物处理过程回收热能、电能、沼气资源等（如用焚烧处理回收的热量发电、厌氧处理回收沼气等）。

3. 无害化

主要是指用物理、化学或生物手段对固体废物（特别是有害废物）进行无害或低危害的安全处理、处置，达到浸出毒性、解毒或稳定化，以防止并减少固体废物对环境的污染，如焚烧、热解，危险废物的稳定化、固体化处理，卫生填埋等技术。

二、固体废物的全过程管理和循环经济原则

固体废物的全过程管理（Integrated Solid Waste Management）是指从固体废物的产生、收集、运输、储存、处理到最终处置的整个过程及各个环节都实行控制管理和开展污染防治。

1. 全过程管理原则

固体废物有其产生发展的全过程，人们往往只注意末端的管理，而忽视源头及全过程的控制管理。现在人们已越来越认识到了"从摇篮到坟墓（Cradle-to-Grave）"的全过程控制的清洁生产概念，形成了统一对策：即避免产生、综合利用和妥善处置的原则。

2. 循环经济原则

循环经济是一种以物质闭环流动为特征的经济模式。与传统经济模式（资源-产品-废物）相比，不再单纯追求经济利益为唯一目标，而是借鉴生态管理等方法指导人类的经济活动，

形成"资源—产品—废物—资源"的新模式。这种模式强调物质循环、再生和废物产生量最小化原则。遵循 3R 原则，即减量、重复利用和回收使用（循环使用）原则。

三、固体废物管理体系

1. 管理制度

《中华人民共和国固体废物污染环境防治法》对我国的固体废物管理规定了一系列有效的制度。如：① 将循环经济概念纳入政府行政责任；② 污染者付费原则；③ 工业固体废物及危险废物申报制度；④ 固体废物建设项目环境影响评价制度；⑤ "三同时"制度；⑥ 限期治理制度；⑦ 危险废物经营许可制度；⑧ 进口废物进口审批制度，等等。

2. 管理部门

《中华人民共和国固体废物污染环境防治法》对国务院和县级以上人民政府有关部门、县级以上环境保护主管部门、环境卫生行政主管部门的职责进行了分工，从而形成了责任明确的管理体系。

3. 固体废物的管理标准

固体废物管理的相关标准较多，这些标准的颁布将使固体废物管理日趋规范和完善。主要标准如下：

（1）《生活垃圾填埋场污染控制标准》（GB 16889—2008）。

（2）《生活垃圾焚烧污染控制标准》（GB 18485—2014）。

（3）《危险废物焚烧污染控制标准》（GB 18484—2020）。

（4）《危险废物贮存污染控制标准》（GB 18597—2001）。

（5）《危险废物填埋污染控制标准》（GB 18598—2019）。

（6）《危险废物鉴别标准》（GB 5085.1 ~ 7—2007）。

（7）《危险废物鉴别技术规范》（HJ/T 298—2007）。

（8）《一般工业固体废物贮存和填埋污染控制标准》（GB 18599—2020）。

（9）《生活垃圾产生源分类及其排放》（CJ/T 368—2011）。

（10）《固体废物浸出毒性测定方法》（GB/T 15555.1 ~ 12—1995）。

（11）《固体废物处理处置工程技术导则》（HJ 2035—2013）。

（12）《城镇垃圾农用控制标准》（GB 8172—87）。

（13）《进口可用作原料的固体废物环境保护控制标准》（GB 16487.1 ~ 12—2017）。

思 考 题

1. 与发达国家相比较，简述我国城市垃圾成分的特点。

2. 试比较卫生填埋、堆肥、燃烧三种方法处理城市生活垃圾的优缺点。

3. 根据自己乘坐火车的经历，试分析我国铁路列车的垃圾状况，并提出一套列车垃圾的收集处理设想方案。

4. 对固体废物进行分选的依据是什么？

5. 固体废物的处理原则与目标是什么？

6. 试述固体废物资源化的意义及前景。

第五章　导学、例题及答案

第六章　噪声及其他公害的防治

人类生存的环境，除由前述的水、大气等因素构成外，还有一些重要因素，如声、光、热、振动、电磁场、射线等物理因素。若这些因素发生改变，并超过一定范围，同样会恶化人类的生存环境，造成环境污染，影响人类的身体健康。本章将主要讨论噪声及防治，其次对振动、电磁辐射、放射性等公害作简要介绍。

第一节　噪声污染及其防治技术

一、噪声与噪声污染

（一）噪声的定义

声音是我们生活中不可缺少的重要环境因素，这是共知的。但是，什么是噪声呢？一般人们都认为，凡是对人的生活、学习、生产有妨碍的声音都叫噪声。显然一种声音是否是噪声，不单独取决于声音本身的物理性质，而且与个人所处的生活环境与主观愿望有关。例如，某人晚间打开收音机欣赏音乐，音乐的声音可视为愉快之声，但对隔壁专心读书或睡眠的人来讲，就是一种不需要的干扰声，即噪声。

（二）噪声的分类

从噪声产生的机理上分，噪声可以分为空气动力噪声和机械振动噪声两大类。前者主要是由于物体高速运动使周围的空气发生压强突变，从而产生噪声，如喷气发动机运转、炸弹爆炸而引起的噪声等。后者是由于机械运转中的机件摩擦、撞击以及运转中因动力、磁力不平衡等原因产生的机械振动而辐射出的噪声，如冲床、列车轮轨振动等噪声。

从噪声的来源上分，噪声可分为交通运输噪声、建筑施工噪声、工业噪声和社会生活噪声。交通运输噪声主要来自汽车、火车、飞机等交通工具的行驶、振动和喇叭声，据统计，交通运输噪声约占城市噪声的70%；建筑施工噪声主要来自建筑施工工地的机具振动、冲击、搅拌等产生的噪声；工业噪声主要来自工厂机器在生产过程中产生的噪声，这种噪声对生产工人的影响最大，如电机厂、机械厂、纺织厂等机器噪声；社会生活噪声则主要是指来自人们日常生活中的生活设施、人群活动等声音，如楼上挪动东西、敲打物体、儿童哭闹、收音机、电视机及卡拉 OK 厅等产生的声音。

（三）噪声污染

噪声对周围环境造成不良影响，形成了噪声污染。

噪声属于听觉公害，具有干扰的局部性，在环境中不积累、不持久、不远距离传输、无污染物等明显特征。噪声源是分散的，而且一旦声源停止发声，噪声也就消失，因而其干扰是局部的。噪声污染虽在空气中传播，但并不给周围环境留下什么污染物质。因此，与其他公害相比，噪声无法集中处理，而需要采用特殊的方法进行控制。

（四）噪声的描述

噪声也是一种声音，因此，它具有声音的一切声学特性和规律。常用频率、波长、声速来描述。

声音是由物体振动产生的，是由于物体来回运动或者振动并以波的形式在弹性介质（气体、液体、固体）中进行传播的一种物理现象。空气中传播的声波可用三个物理量即波长 λ(m)、频率 f(Hz) 和声速 c(m/s) 来描述，它们之间的关系是

$$c = \frac{\lambda}{T} = f \cdot \lambda \qquad\qquad (6.1)$$

式中，T 是波的周期，它是表示声波行经一个波长的距离所需要的时间。对正弦波来说，频率 $f = 1/T$，其单位为赫兹（Hz），即物体每秒振动的次数。频率高，声调尖锐；频率低，声调低沉。人耳能听到的声波的频率范围是 20 ~ 20 000 Hz。20 Hz 以下称为次声，20 000 Hz 以上称为超声。人耳对 3 000 ~ 4 000 Hz 内的声音敏感性最大。人耳对低频噪声容易忍受，而对高频噪声则感觉烦躁。

二、噪声的物理量度与主观评价

噪声对环境的影响与它的强弱有关，噪声越强，影响越大。衡量噪声强弱特性的方法有两类：一类是把噪声单纯看作是物理波，用衡量声波的物理量来反映其客观特性，这是对噪声的客观度量。另一类涉及人耳的听觉特性，用人耳感觉到的强弱刺激程度来衡量，这是对噪声的主观评价。下面介绍几个常用的描述声音强度的物理量及衡量噪声影响程度的评价量。

（一）声　压

声波在空气中传播，引起空气质点振动，致使空气的密度发生变化，变密的地方空气压强增高，变疏的地方压强降低，这时，在声波传播方向上，空气压强在大气压强值附近迅速起伏变化，这种比正常大气压强（通常为 98 kPa）增大或减弱的压强称为声压，即为大气压强的变化值。其单位为帕（Pa），或巴（bar）、微巴（μbar）。

$$1 \text{ bar} = 100 \text{ kPa}$$

通常测量出的噪声声压都为瞬时声压。瞬时声压是指某瞬时介质中压强相对于无声音时内部压强的改变量，也是单位面积的压力变化。瞬时压强在随时间变化，而人耳感觉到的是瞬时声压在某一时间的平均结果，叫有效声压。有效声压是瞬时声压的均方根值。如未特殊说明，平常所指的声压就是有效声压。

（二）声　强

声强是指单位时间内垂直于指定传播方向的单位面积上通过的声音能量，即声音的强度。声强的大小与离声源的距离远近有关。这是因为单位时间内声源发出的声音能量是一定的，离声源的距离越远，声能量分布的面积就越宽，通过单位面积的声能量就越小，声强就越小。

若在一个没有反射声的自由声场内，有一个向四周均匀辐射声音的点声源，则在 r 处的声强为

$$I_球 = \frac{W_n}{4\pi r^2} \tag{6.2}$$

式中　$I_球$——声强，W/m^2 或 $J/(s \cdot m^2)$；

$\quad\quad W_n$——声功率，W（$W = J/s$，$J = N \cdot m$）；

$\quad\quad r$——离声源的距离，m；

$\quad\quad 4\pi r^2$——半径为 r 的球面面积，m^2。

声压与声强有密切关系。在自由声场中，声强与声压间有如下关系：

$$I_球 = p^2 / \rho c \tag{6.3}$$

式中　p——声压，N/m^2，即 Pa；

$\quad\quad \rho$——介质密度，kg/m^3（常温下空气密度约为 $1.18\ kg/m^3$）；

$\quad\quad c$——声速，m/s，空气中（室温）声速约为 $340\ m/s$。

在力学中，物理量的基本量纲为长度[L]、时间[T]及质量[M]。式（6.3）两边的量纲均为 $[MT^{-3}]$。

（三）声压级与声强级

正常人耳刚能听到的最小声音的声压称为听阈声压，对于频率为 $1\,000\ Hz$ 的声音，听阈声压约为 $2 \times 10^{-5}\ Pa$（或听阈声强 $10^{-12}\ W/m^2$）。使人耳产生疼痛感觉的界限叫痛阈，对应于 $1\,000\ Hz$ 的声音的痛阈声压为 $20\ Pa$。显然，从听阈到痛阈的声压差为 100 万倍，声强之比则达 1 万亿倍。所以在实践中使用声压、声强的绝对值来直接描述声音的强弱就很不方便。因此，人们引出声压级、声强级的概念来衡量声音的强弱。这与人们用风级表示风力大小，用震级表示地震的强弱一样。即

$$L_P = L_I = 10\lg\frac{I}{I_0} = 10\lg\frac{p^2/p_0 c}{p_0^2/p_0 c} = 20\lg\frac{p}{p_0} \quad （dB） \tag{6.4}$$

式中　L_p、L_I——声压级、声强级，dB，即分贝；

$\quad\quad p$、I——被测声音的声压（Pa）、声强（W/m^2）；

$\quad\quad p_0$、I_0——基准声音的声压、声强值，分别取值 $2 \times 10^{-5}\ Pa$，$10^{-12}\ W/m^2$（即听阈值）；

$\quad\quad \rho_0$——空气密度（常温下，$\rho_0 = 1.18\ kg/m^3$）；

$\quad\quad c$——空气中的声速（常温下，$c = 340\ m/s$）。

显然，采用级的概念，表达起来就方便多了。比如，从听阈到痛阈以分贝（dB）表示，则被压缩到 $0 \sim 120\ dB$。并且用声压级的差值来表示声压的变化，与人耳判断声音强度的变化是大体一致的。如，声压变化 1.4 倍，就等于声压级变化 $3\ dB$，人耳正好能分辨。又如，声压变化 3.16 倍，声压级相差 $10\ dB$，人耳听起来感到声响变化了许多。

（四）噪声级（dB）的相加

噪声的叠加，并不是分贝值的简单相加，而是要按能量（声功率或声压的平方）相加。下面介绍两种算法：

1. 公式法

设有两个声压级 L_1（dB）和 L_2（dB）的噪声，求两个噪声的合成声压级 L_{1+2}。

由式（6.4）

$$L_{1+2} = 20\lg\frac{p_{1+2}}{p_0} = 10\lg\frac{p_{1+2}^2}{p_0^2}$$

而

$$p_{1+2}^2 = p_1^2 + p_2^2$$

第一步：求声压 p_1、p_2

$$L_1 = 20\lg\frac{p_1}{p_0} \longrightarrow p_1 = p_0 10^{\frac{L_1}{20}}$$

$$L_2 = 20\lg\frac{p_2}{p_0} \longrightarrow p_2 = p_0 10^{\frac{L_2}{20}}$$

第二步：求合成声压 p_{1+2}

$$p_{1+2}^2 = p_1^2 + p_2^2$$

$$p_{1+2}^2 = p_0^2\left(10^{\frac{L_1}{10}} + 10^{\frac{L_2}{10}}\right)$$

$$(p_{1+2}/p_0)^2 = 10^{\frac{L_1}{10}} + 10^{\frac{L_2}{10}}$$

第三步：按声压的定义合成声压级

$$L_{1+2} = 20\lg\left(\frac{p_{1+2}}{p_0}\right) = 10\lg\left(\frac{p_{1+2}}{p_0}\right)^2$$

$$L_{1+2} = 10\lg\left(10^{\frac{L_1}{10}} + 10^{\frac{L_2}{10}}\right)$$

若多个噪声相加，则有

$$L_{pt} = 10\lg\left(\sum_{i=1}^{n} 10^{0.1 L_{pi}}\right) \tag{6.5}$$

式中　L_{pt}——合成声压级，dB；

　　　L_{pi}——各噪声声压级，dB。

例 6.1　$L_1 = 70\ \text{dB}$，$L_2 = 70\ \text{dB}$，求 L_{1+2}。

解　$L_{1+2} = 10\lg\left(10^{\frac{70}{10}} + 10^{\frac{70}{10}}\right) = 10\lg\left(2 \times 10^{\frac{70}{10}}\right)$

$$= 10\left(\lg 2 + \frac{70}{10}\right)$$

$$= 73\ (\text{dB})$$

2. 图解法

例 6.2 $L_1 = 90$ dB，$L_2 = 88$ dB，求 L_{1+2}。

解 先求两噪声声压的分贝差值 $L_1 - L_2 = 2$ dB，再以分贝差查图 6.1，找出分贝差值为 2 所对应的增值 $\Delta L = 2.1$ dB，然后加在分贝数大的 L_1 上，即 $L_{1+2} = 90 + 2.1 = 92.1$ dB。

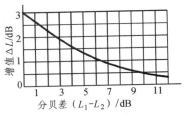

图 6.1 分贝差的增值图

（五）等响曲线与响度级

人耳对声音强弱的主观感觉，不仅与声压级的大小有关，而且与声音的频率高低有关。对两个具有同样声压级但频率不同的噪声源，高频声音给人的感觉就比低频的声音更响。比如 K250 的空气压缩机和小汽车内的噪声，声压级皆为 90 dB，但压缩机噪声高频成分多，听起来就比小汽车内噪声大得多。为反映人耳对噪声的反应这一特点，人们引出了响度级概念。即选择 1 000 Hz 的纯音作基准声音，若某一噪声听起来与该纯音一样响，该噪声的响度级〔其单位为：方（phon）〕就等于这个纯音的声压级〔单位为：分贝（dB）〕。即响度级是一个表示声音响度的主观量，它把声压级和频率用一个概念统一起来了。

利用与基准声音相比较的方法，通过大量的试验，就可得到整个可听频率范围的纯音的响度曲线，绘成等响曲线，如图 6.2 所示。图中最下面的是听阈曲线，上面 120 phon 的曲线是痛阈曲线。从图上可以看出，不同的声压级，不同的频率的声音可产生相同响度的噪声。比如 1 000 Hz、60 dB，300~4 000 Hz、52 dB，100 Hz、67 dB，30 Hz、88 dB 的声音听起来一样响，同为 60 phon 的响度级。

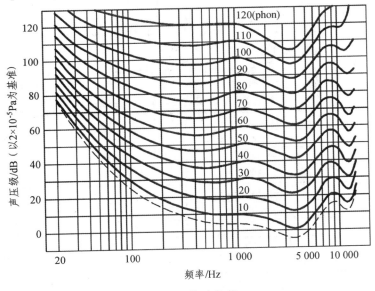

图 6.2 等响曲线

（六）计权 A 声级

由等响曲线可以看出，人耳对不同频率的声音的反应是不一样的。人耳对于高频声音，特别是频率在 1 000 ~ 5 000 Hz 的声音比较敏感，而对于低频声音，特别是对 100 Hz 以下的声音不敏感。即声压级相同的声音会因为频率的不同而产生不一样的主观感觉。为了使声音的量度和人耳的听觉感受近似取得一致，通常对声音各组成频率的声压级经某一特定的计权修正后，再叠加计算，可得到该声音总的声压级，称为计权声级。

通常采用的有 A、B、C、D 四种计权网络。图 6.3 所示的是国际电工委员会（IEC）规定的四种计权网络曲线。其中 A 计权网络相当于 40 phon 等响曲线的倒置；B 计权网络相当于 70 phon 等响曲线的倒置；C 计权网络相当于 100 phon 等响曲线的倒置。B、C 计权已较少被采用，D 计权网络常用于航空噪声的测量，A 计权的频率响应与人耳对宽频带的声音的灵敏度相当。目前，A 计权已被所有管理机构和工业部门普遍采用，成为最广泛应用的评价量量。表 6.1 给出了 A 计权响应与频率的关系。由噪声各频带的声压级和对应频带的 A 计权修正值，就可计算出噪声的 A 计权声级。

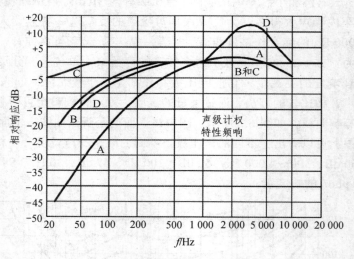

图 6.3 计权网络频率特性

表 6.1 A 计权响应与频率的关系

频率（Hz）	A 计权修正（dB）	频率（Hz）	A 计权修正（dB）
20	− 50.5	630	− 1.9
25	− 44.7	800	− 0.8
31.5	− 39.4	1 000	0
40	− 34.6	1 250	+ 0.6
50	− 30.2	1 600	+ 1.0
63	− 26.2	2 000	+ 1.2
80	− 22.5	2 500	+ 1.3
100	− 19.1	3 150	+ 1.2
125	− 16.1	4 000	+ 1.0
160	− 13.4	5 000	+ 0.5
200	− 10.9	6 300	− 0.1
250	− 8.6	8 000	− 1.1
315	− 6.6	10 000	− 2.5
400	− 4.8	12 500	− 4.3
500	3.2	16 000	− 6.6

例 6.3 从倍频带声级计算 A 计权声级。

解

中心频率（Hz）	31.5	63	125	250	500	1 000	2 000	4 000	8 000
倍频带声级（dB）	60	65	73	76	85	80	78	62	60
A 计权修正值（dB）	−39.4	−26.2	−16.1	−8.6	−3.2	0	+1.2	+1.0	−1.1
修正后倍频带声级（dB）	20.6	38.8	56.9	67.4	81.8	80	79.2	63	58.9
各声级叠加	略	略	略	略	84.0		79.2	略	略
总的 A 计权声级[dB（A）]	85.2								

（七）等效连续 A 声级

前面讲到的 A 计权声级对于稳态的宽频带噪声是一种较好的评价方法，但对于一个声级起伏或不连续的噪声，A 计权声级就很难确切地反映噪声的状况。例如，交通噪声的声级是随时间变化的，当有车辆通过时，噪声可能达到 85～90 dB（A）；而当没有车辆通过时，噪声可能仅有 55～60 dB（A），并且噪声的声级还会随车流量、汽车类型等的变化而改变，这时就很难说交通噪声的 A 计权声级是多少分贝。又例如，两台同样的机器，一台连续工作，而另一台间断性地工作。其工作时辐射的噪声级是相同的，但两台机器的噪声对人的影响是不一样的。

对于这种声级起伏或不连续的噪声，采用噪声能量按时间平均的方法来评价噪声对人的影响更为确切，为此提出了等效连续 A 声级评价量。等效连续 A 声级的定义是：某时段内的不稳态噪声的 A 声级，用能量平均的方法，以一个连续不变的 A 声级来表示该时段内噪声的声级，这个"连续不变的 A 声级"就为该噪声的等效连续 A 声级，用 L_{eq} 来表示。用公式表示为：

$$10^{0.1L_{eq}} \cdot T = \int_0^T 10^{0.1L_{A(t)}} \, dt$$
$$L_{eq} = 10\lg \frac{1}{T} \int_0^T 10^{0.1L_{A(t)}} \, dt \tag{6.6}$$

式中 L_{eq}——等效连续 A 声级，dB（A）；

T——噪声暴露时间，h 或 min；

$L_{A(t)}$——t 时刻的 A 声级，dB（A）。

当测量值 L_A 是一系列离散值时，式（6.6）可写为：

$$L_{eq} = 10\lg \left[\frac{1}{\sum_{i=1}^n t_i} \left(\sum_{i=1}^n 10^{0.1L_{Ai}} \cdot t_i \right) \right] \tag{6.7}$$

式中 L_{eq}——等效连续 A 声级，dB（A）；

t_i——第 i 段时间，h 或 min；

L_{Ai}——t_i 时间段内的 A 声级，dB（A）。

在对不稳态噪声的大规模调查中，已证明等效连续 A 声级与人的主观反应有很好的相关性。不少国家的噪声标准都采用了该评价量。

三、噪声的危害

一般来讲，40 dB（A）以下的环境声音是合适的，若大于 40 dB（A），则可能是有害的噪声，就可能影响人们的睡眠和休息，干扰工作、妨碍谈话、使听力受损害，甚至引起心血管系统、神经系统、消化系统等方面的疾病。归纳起来，噪声的危害主要表现为以下几方面：

（一）对人们的正常生活和工作的影响

试验表明，当人们在睡眠状态中，40～50 dB（A）的噪声，就开始对人们的正常睡眠产生影响，40 dB（A）的连续噪声级可使 10% 的人受影响，70 dB（A）即可影响 50% 的人。起伏的噪声比稳态噪声、高频尖叫声比低频隆隆声更容易吵醒人。噪声对于人们谈话、听广播、打电话、开会、上课等都有影响。谈话的声音一般为 60～70 dB（A）。对于打电话，噪声级达 60～70 dB（A）时，就会感到困难。

目前，城市交通噪声达到 80～85 dB（A）。有载重汽车、拖拉机驶过时，可超过 90 dB（A）。城市建筑施工的打桩机、搅拌机、压路机、推土机、空压机等可使附近地区的噪声高达 80～90 dB（A）。这些噪声都严重影响着人们的正常活动，群众反映强烈。

此外，噪声使人心情烦躁，工作容易疲劳，反应迟钝，影响工作效率，特别对从事精密加工和脑力劳动的人影响更明显。强噪声会妨碍人们的注意力集中，影响思考，使人容易发生差错，甚至发生事故，造成设备损坏、人员伤亡。据世界卫生组织估计，仅工业噪声造成的工作低效率以及工伤事故等的赔偿，就使美国每年损失近 40 亿美元。

（二）损伤听力

噪声可以造成人暂时性的或持久性的听力损伤（耳聋）。一般说来，85 dB（A）以下的噪声不至于危害听觉，而超过 85 dB（A）则可能发生危险。表 6.2 列出了在不同噪声级下长期工作时，耳聋病发病率的统计情况。

表 6.2　工作 40 年后噪声性耳聋病发病率　　　　　　　　　　（%）

噪声级（A）值 （单位：dB）	国 际 统 计	美 国 统 计
80	0	0
85	10	8
90	21	18
95	29	28
100	41	40

由表可见，90 dB（A）的噪声，耳聋病发病率明显增加。但是，即使高至 90 dB（A）的噪声，也只产生暂时性病患，休息后即可恢复。可见，噪声的危害关键在于它的长期作用。但极强的噪声，如 175 dB（A），会致人死亡。

（三）对人体生理健康的影响

一些实验表明，噪声会引起人体的紧张反应，刺激肾上腺素的分泌，因而引起心率改变和血压升高。可以说，目前心脏病恶化和发病率增加的一个重要原因，就是人们生存的环境噪声污染更加严重了。

噪声会使人的唾液、胃液分泌减少，胃酸降低，从而引发胃溃疡和十二指肠溃疡。研究表明：某些吵闹的工业企业里，溃疡病的发病率比安静环境高 5 倍。

噪声对人的内分泌机能也会产生影响。在高噪声环境下，会使一些女性的性机能紊乱，月经失调，孕妇流产率增加。近年来还有人认为，噪声是刺激癌症的病因之一。

（四）对儿童和胎儿的影响

在噪声环境下，儿童的智力发育缓慢。据调查，吵闹环境下儿童的智力发育比安静环境中的低 20%。噪声对胎儿也会产生有害影响。研究表明：噪声使母体产生紧张反应，会引起子宫血管收缩，以致影响供给胎儿发育所必需的养料和氧气。此外，噪声与胎儿畸形也有关系。

（五）对动物的影响

强噪声会使鸟类羽毛脱落，不下蛋，甚至内出血，直至最终死亡。如 20 世纪 60 年代初期，美国 F104 喷气机作超音速飞行试验，地点是俄克拉荷马市上空，飞行高度为 10 000 m，每次飞越 8 次，共飞行 6 个月。结果，在飞机轰隆声的作用下，一个农场的 10 000 只鸡死了 6 000 只，只剩下 4 000 只。

（六）对建筑物的损害

在 20 世纪 50 年代，一架以 1 100 km/h 的亚音速飞行的飞机，在作 60 m 的低空飞行时，飞行产生的噪声使地面一幢楼房遭到破坏。1962 年，美国三架军用飞机以超声速低空掠过日本藤译市，使该市许多民房玻璃震碎，烟囱倒塌。英法合作研制的协和式飞机，在试航过程中，航道下面的一些古老教堂出现了裂缝。在美国统计的 3 000 件喷气飞行使建筑物受损的事件中，抹灰开裂的占 43%，损坏的占 32%，墙开裂的占 15%，瓦损坏的占 60%。

在强噪声作用下，不仅建筑物受损，发声的机体本身也可能因"声疲劳"而损坏。

总之，控制噪声污染是环境工程的重要任务之一。

四、噪声的控制标准

（一）噪声基本标准

根据国际标准化组织（ISO）的调查结果，在噪声级 85 dB 下工作 30 年，耳聋的可能性为 8%，90 dB 下为 18%。在 70 dB 噪声中，语言交谈感到困难。干扰居民睡眠、休息的噪声级阈限白天是 50 dB，夜间是 45 dB。

表 6.3 为美国环保局（EPA）于 1975 年提出的保护健康与安宁的噪声标准。表 6.4 是我国根据生理、心理声学研究结果，结合我国人民工作、生活和经济条件而提出的环境噪声容许范围。

表 6.3　EPA 保护健康与安宁噪声标准　　　　〔dB(A)〕

适用范围	等效声级	昼夜等效声级 （平均时夜间加 10 dB）
听力保护	75（8 h）	
	78（24 h）	
户外防止干扰		55
室内防止干扰		45

表 6.4　中国环境噪声容许范围　　　　〔dB(A)〕

人的活动	最高值	理想值
体力劳动（听力保护）	90	70
脑力劳动（语言清晰度）	70	50
睡　　眠	50	30

（二）一般环境噪声标准

一般环境噪声标准是以基本标准为依据，根据国际标准化组织推荐的对时间、地区等条件的修正以及本国的经济技术条件来制订的标准。表 6.5、6.6 列出了日本和我国的一般噪声环境标准，都是室外环境标准。表 6.7 列出了中国工业企业噪声标准，它是以听力保护为基本的标准，是根据我国工业经济现状制定的。

表 6.5　日本一般环境噪声标准　　　　〔dB(A)〕

地　　区	白　天	早　晚	夜　间
需要特别安静地区（如疗养院等）	45 以下	40 以下	35 以下
居民区	50 以下	45 以下	40 以下
居民、工业、商业混杂区	60 以下	55 以下	50 以下

我国城市区域环境噪声标准最早是在 1982 年颁布试行的，经过一段时间的试用修订，在 1993 年正式颁布实施《城市区域环境噪声标准》（GB 3096—93），该标准于 2008 年被《声环境质量标准》（GB 3096—2008）替代。标准中规定了五类声环境功能区的环境噪声限值（见表 6.6）。

表 6.6　声环境功能区的噪声限值（GB 3096—2008）　　　　〔dB(A)〕

声功能区类别		昼　间	夜　间
0 类		50	40
1 类		55	45
2 类		60	5
3 类		65	65
4 类	4a 类	70	70
	4b 类	70	60

表 6.7　中国工厂企业噪声标准　　　　〔dB(A)〕

每日工作时间（h）	现有企业	新建企业	每日工作时间（h）	现有企业	新建企业
8	90	85	2	96	91
4	93	88	1	99	94

五类声环境功能区为：

0 类声环境功能区：指康复疗养区等特别需要安静的区域。

1 类声环境功能区：指以居民住宅、医疗卫生、文化教育、科研设计、行政办公为主要功能，需要保持安静的区域。

2 类声环境功能区：指以商业金融、集市贸易为主要功能，或者居住、商业、工业混杂，需要维护住宅安静的区域。

3 类声环境功能区：指以工业生产、仓储物流为主要功能，需要防止工业噪声对周围环境产生严重影响的区域。

4 类声环境功能区：指交通干线两侧一定距离之内，需要防止交通噪声对周围环境产生严重影响的区域，包括 4a 类和 4b 类两种类型。4a 类为高速公路、一级公路、二级公路、城市快速路、城市主干路、城市次干路、城市轨道交通（地面段）、内河航道两侧区域；4b 类为铁路干线两侧区域。

上述各类声环境功能区夜间突发噪声，其最大声级超过环境噪声限值的幅度不得高于 15 dB。

（三）噪声源标准

噪声源控制标准多属于各种产品设备的噪声标准，它是防止设备噪声污染环境的依据，也能反映产品的技术水平。表 6.8 列出了我国对环境影响较大的机动车辆的噪声标准。

表 6.8　我国机动车辆允许噪声标准　　　　　　　　　　［dB(A)］

车　辆　种　类		车外最大允许噪声级不大于以下标准（测量点距离为 7.5 m）	
		1985 年 1 月 1 日以前生产的产品	1985 年 1 月 1 日起生产的产品
载重汽车	8 t≤载质量＜15 t	92	89
	3.5 t≤载质量＜8 t	90	86
	载质量＜3.5 t	89	84
轻型越野车		89	84
公共汽车	4 t＜总质量＜11 t	89	86
	总质量＜4 t	88	83
轿车		84	82
摩托车		90	84
轮式拖拉机（44 kW 以下）		91	86

五、噪声的防治技术

防治噪声污染可从技术和政策等方面着手考虑。控制噪声的技术一般从声源、传播途径、接收者三个方面考虑。首先是降低声源本身的噪声，若做不到或不经济时，则考虑从传播途径上下手，如仍达不到要求，再考虑采用接收者的个人防护方法。防治噪声的政策可从合理规划城市建设和加强法规管理方面入手。

（一）声源控制

降低声源本身的噪声是治本的方法。它包括研究低噪声设备和有关降低噪声的加工工艺等措施。如风机、喷气式飞机和汽车排气等空气动力性噪声，可利用平滑的气流通道和降低气流速度来控制；车床、织布机和铆锻机等发出的机械性噪声，可利用润滑或阻尼材料减少摩擦和撞击进行控制。用无声的液压代替高噪声的锤打和冲压等，都可大大降低噪声。表6.9列出了一般声源的减声效果。

表 6.9 声源控制降噪效果 ［dB(A)］

声　源	控 制 措 施	降 噪 效 果
敲打、撞击	加弹性垫等	10～20
机械转动部件动态不平衡	进行平衡调整	10～20
整机振动	加隔振机座（弹性耦合）	10～25
机器部件振动	使用阻尼材料	3～10
机壳振动	包覆、安装隔声罩	3～30
管道振动	包覆、使用阻尼材料	3～20
电机	安装隔声罩	10～20
烧嘴	安装消声器	10～30
进气、排气	安装消声器	10～30
炉膛、风道共振	用隔板	10～20
摩擦	用润滑剂、提高光洁度、采用弹性耦合	5～10
齿轮啮合	隔声罩	10～20

（二）传播途径控制

虽然控制声源是防噪的根本途径，但从目前的科技水平来看，要使一切设备都满足低噪声还不可能，而从传播途径上进行控制也不失为一种好的办法。常用的方法有吸声、隔声、消声、隔振、阻尼等。

1. 吸　声

即利用吸声材料或吸声结构来吸收声能的方法。柔软、表面多孔的材料其吸声性能强。其吸声原理是，当声波冲击吸声材料时，由于声音产生的压力变化，使空气在材料细孔中流动、摩擦，把声能转变为热能，从而达到减噪的效果。反映材料吸声效果常用吸声系数来表示，它是材料表面吸收的声能与入射的声能的比值。吸声系数越高，吸声效果越好。图6.4列出了常见的吸声材料或吸声结构。

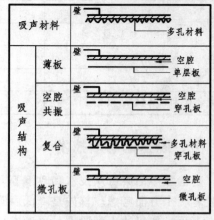

图 6.4 吸声材料与吸声结构

2. 隔　声

隔声就是在声源和接收者之间设置一道质量大、气密性好的材料，把声音传播的空间分成互不相通的两部。例如，墙壁、门窗可以把室外的噪声挡住。常用的砖墙（24 cm 厚），其隔声量为 40 dB；3～5 mm 厚的钢板，其隔声量为 30 dB。降低机器噪声的隔声罩是用钢板做成的密闭外壳，内侧涂以弹性大、黏度高的阻尼材料，罩内用吸声材料铺贴在内墙上。隔声障板（又称声屏障、隔音板、隔音墙），是环境噪声控制中广泛使用的一种措施，其隔声原理如图 6.5 所示。当声波遇到障板时，会产生反射，在障板后面形成声影区（声音盲区）。障板的隔声效果同声波与接收点及障板的距离、障板高度等有关。一般隔声量可达 25 dB。

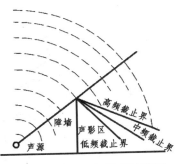

图 6.5　障板隔声原理示意图

3. 消　声

消声是指利用消声器来降低空气噪声传播的一种方法。消声器是一种允许气流通过，又能阻止或减弱声能的装置。目前常用消声器的结构如图 6.6 所示。阻性消声器是借助装设在管壁上的吸声材料或结构的吸声作用，从而达到使沿管道传播的噪声衰减的目的；抗性消声器并不直接吸收声能，它借助于管道截面的突然扩张或收缩，使沿管道传播的某些频率的声波在截面突变处向声源反射，从而达到消声的目的，如图 6.6 中的膨胀腔式消声器；小孔、多孔扩散消声器多用在排气噪声的控制工程中。三种消声器各有优缺点，阻性消声器适宜消除中、高频噪声；抗性消声器专用于消除低频噪声；而小孔消声器和多孔消声器则适宜消除高压气流噪声。

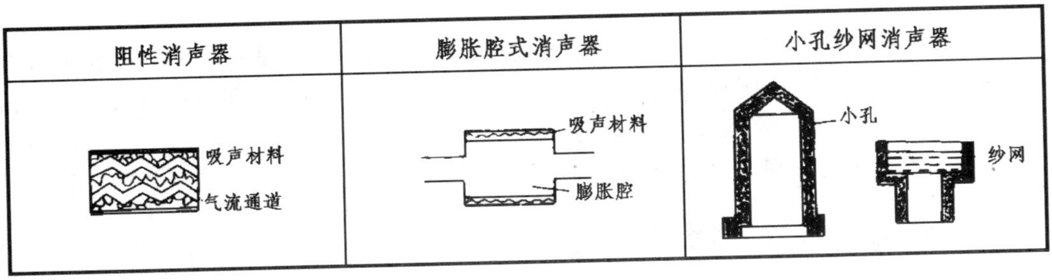

阻性消声器	膨胀腔式消声器	小孔纱网消声器
吸声材料 气流通道	吸声材料 膨胀腔	小孔 纱网

图 6.6　消声器的结构

4. 隔　振

许多噪声是由于机械振动引起的，因此，减少振动即可达到降噪的效果。隔振的主要方法是在振动源与结构之间装设减振器。常用的减振器有钢弹簧减振器、橡胶减振器、软木毡板减振垫等。如图 6.7、6.8、6.9 所示。此外，用图 6.10 所示的隔振沟亦可达到减振降噪的效果。

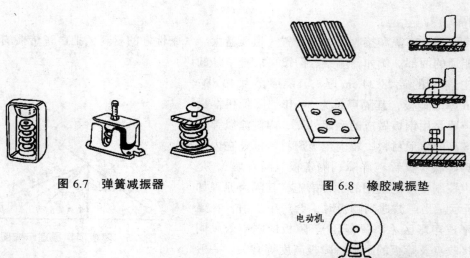

图 6.7 弹簧减振器　　　　　　　图 6.8 橡胶减振垫

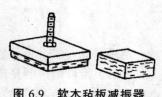

图 6.9 软木毡板减振器

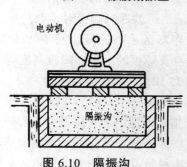

图 6.10 隔振沟

5. 减振阻尼材料

在金属薄板上涂上一层阻尼材料，亦可达减振降噪的效果。阻尼材料是指内损耗、内摩擦大的材料，如沥青、软橡胶以及其他一些高分子涂料。当振动传播到阻尼材料中时，引起其内部摩擦、相互错动而使振动能转变成为热能而耗散掉，从而起到减振降噪的作用。

（三）个人防护

在许多条件下，比如纺织厂、冲床车间、发动机工作间等，要从前述两方面完全防治噪声是很难实现的。但若采取个人防护则不失为经济、有效的方法。个人防护多采用耳塞、耳罩、耳棉等。耳塞隔声能量可达 20 dB，耳罩可达 30 dB，坦克兵的防声头盔可达 40 dB。此外，尽量减少个人在强噪声环境中的暴露时间也是一种防护方法。

（四）制订合理的城市环境规划

在进行区域规划时，应考虑不同的功能区，如工业区、居民区、商业区等。使要求安静的区域尽量不受工业交通运输噪声的污染，并在无法避免的混杂区，采取噪声控制措施。在建筑布局上可考虑利用地形或地物做隔声屏障，如图 6.11 所示。交通噪声是城市的主要噪声源，在城市规划中对交通噪声应进行预测，以便合理地布置交通干线。根据城市人口、车辆增长情况以及噪声标准和交通噪声的各种因素来考虑城市交通建设规划，如交通干线的布局、马路宽窄、辅助车线的配置、立交的兴建、地下交通的发展、声屏障的设置等。另外，进行城市绿化对减弱交通噪声有较好的效果，如 4 m 宽的枝叶浓密的绿篱墙，可降低噪声 3～5 dB；30 m 宽的林带可降低噪声 6～8 dB；40 m 宽的林带可降低噪声 10～15 dB。此外，目前世界上许多国家都用建立卫星城的办法来缓解城市噪声问题。

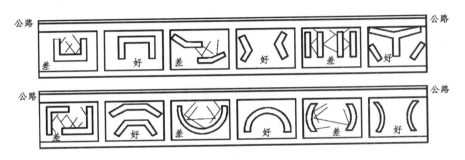

图 6.11　建筑物位置布局的选择示意图

六、铁路噪声及其防治

（一）铁路噪声的特点及主要类型

铁路噪声是交通噪声的重要组成部分，具有昼夜 24 h 不间断的特点，这与城市汽车、电车等交通噪声昼强夜弱截然不同。主要有两类，一是运行噪声，即机车鸣笛声、车辆与轨道的撞击噪声；二是沿线各站、段、场、所为运输服务的设备、机具产生的噪声。前者属于流动污染源，具有线长、面广、间歇性，其污染强度视机车类型、行车密度、运行速度、轨道结构、通过区居民密度、敏感点的多寡等因素不同而异；后者属于固定污染源，具有点多、分散，与工矿企业产生的工业噪声基本上相似。

1. 机车鸣笛噪声

机车鸣笛噪声有两类，一是风笛，声频在 500～4 000 Hz，在距轨道中心线 5 m 处，高音喇叭 $L_p = 118$ dB（A），低音喇叭 $L_p = 106$ dB（A）；二是汽笛，点声源以高频成分为主，距轨道中心 10 m 处，$L_p = 128～132$ dB（A）。机车鸣笛噪声是铁路沿线环境噪声中最扰民的噪声，群众反映最强烈。鸣笛声主要发生在车道、信号机、平交道口，警告突然横跨路基的人畜、车辆等处。鸣笛声一般持续 1.5～2.0 s。

2. 机车运行与轨道的撞击噪声

轮轨接触冲击噪声是铁路噪声源的主要来源之一，属中低频噪声（集中在 63～500 Hz 范围）。在其他条件相同时，L_p 随行车速度增加而增加。一般速度增加一倍，L_p 增加 8～10 dB（A）。当 $v = 60$ km/h 时，$L_p = 70～78$ dB（A）；当 $v = 96$ km/h，$L_p = 85～90$ dB（A）。另据德国高速列车试验，当 $v = 100$ km/h 时，车厢内噪声 $L_p = 75$ dB（A）；当 $v = 200$ km/h 时，车厢内 $L_p = 82$ dB（A）；当 $v = 300$ km/h 时，车厢内 $L_p = 87$ dB（A）。可见，随着列车的高速化，噪声对环境的危害就越来越大。列车在正常或非正常紧急状态下制动，发出震耳欲聋的噪声，尤其是闸瓦制动产生的噪声，呈高频纯音特性，峰值的范围为 4 000～5 000 Hz，$L_p = 90～105$ dB（A）。列车在行进中的加速、减速以及编织站场的大量解编作业中，车辆车钩的冲击噪声为点声源，呈中低频特性，距轨道中心侧向 5 m 处，$L_p = 69～113$ dB（A），平均为 86 dB（A）。列车车体振动辐射噪声以及车内设备噪声经车体二次辐射，呈中高频特性，当车速 $v = 45～75$ km/h 时，$L_p = 87～89$ dB（A）。牵引机车（包括内燃机车、电力机车、蒸汽机车三种）的噪声主要来自其主发动机、空压机、冷却风扇、通风机、排气口、变压器、锅炉排气口、烟筒排气口等设备和部位，其噪声特征见表 6.10。

3. 沿线各站、段、场、所固定设备机械噪声

此类噪声主要来自于机务段、折返段、车辆段、运营段、工务段、水电段、通信段以及工厂、车间的机械设备，大都呈中低频特性，属宽带噪声，$L_p = 95 \sim 115$ dB（A）。

表 6.10　牵引机车声源部位及特点

机车类型	声　源　部　位	声　源　特　点	声源强度［dB(A)］
内燃机车	柴油机噪声，风扇空压机噪声，主发动机噪声	高中频为主，宽带噪声	$L_p = 90 \sim 120$
电力机车	电机噪声，交流器噪声，变压器噪声	频率成分与电源频率有关，宽带噪声	$L_p = 70 \sim 95$
蒸汽机车	锅炉排气噪声、烟筒排气噪声	喷注噪声，高频为主 喷注噪声，中低频为主	$L_p = 118 \sim 130$

（二）铁路噪声对沿线环境的影响

据有关规定，以铁路干线外侧距轨道中心线 30 m 为划定的隔离带，并以铁路两侧 30 m 处作为监测点，根据有关环境研究单位对北京、武汉、西安等地铁路运输繁忙路段的监测结果，在距铁路边界外侧轨道中心线 30 m 处，环境噪声声级基本上在 70 dB（A）左右。总体上看，铁路噪声的危害一般在 30 m 以内，30 m 以外的过渡带内的敏感点视距离不同而异。此外，鸣笛比不鸣笛平均增加 5.25 dB（A）的噪声级，可见控制鸣笛声对降低铁路噪声有重要意义。

与其他城市交通噪声相比，铁路噪声要高出 8 ~ 12 dB（A）左右才对人体产生同样程度的影响，国内外很多监测资料都证明了这一点，而 65 ~ 70 dB（A）的铁路环境噪声是多数人可以接受的。

（三）铁路噪声的防治

防治铁路噪声可以通过以下三种方法实现：

（1）做好城市规划与铁路建设的统一布局，搞好铁路两侧建筑物的平面设计。在城市规划中应避免在铁路的现有线路两侧和近远期规划线路两侧建设居民住宅区、文教区、医院、疗养院、宾馆、机关等敏感区。在城市铁路两侧隔音带之外的过渡区内，原则上不建住宅区，非建不可时，应将建筑设计成与隔离带垂直；在平面设计上，卧室不宜布置在靠近铁路一侧，而应把外廊、厨房、厕所布置在这一侧；在铁路站场与两侧建筑物之间应规划设计隔离带（30 m），在隔离带内种植防护林，不仅起声屏障的作用，而且还可以净化空气。

（2）做好铁路噪声源的控制。首先，严格控制鸣笛声，设立禁鸣区，改用低声级风笛，消除平交道口，禁止居民横跨铁路等；其次，采用 P60 重型钢轨及弹性钢轨，维护好踏面，使其处于良好的技术状态，轮轨应润滑，采用焊接无缝长钢轨等，见表 6.11；最后，改善轨道结构，如在钢轨轨腹两侧敷设橡胶轨道基础，即枕木轨枕、碎石道砟、橡胶垫板等，如表 6.12 所示。此外，改进制动装置（如采用盘形制动器取代闸瓦制动），在柴油机进、排气口安装消声器，在空压机机身安装隔音罩，都可起到降低噪声的作用。

表 6.11　铁路长短钢轨辐射噪声对比　　　　　　　　　　　　　[dB(A)]

行车速度（km/h）	短 轨	长 轨	差 值
70	83	80	3
80	85	83	2
90	86	84	2

注：1. 监测点位置距轨道中心 25 m 处，1.5 m 高度；

　　2. 长轨 >16 m≤短轨。

表 6.12　不同道床轨枕辐射噪声对比　　　　　　　　　　　　[dB(A)]

行车速度（km/h）	道床类型	钢筋混凝土轨枕	枕木轨枕	差 值
70～80	碎石砟	127～132	125～130	2～3
80～100	碎石砟	135～140	130～138	5～8
70～80	整体道床	130～135	128～133	2～3
80～100	整体道床	138～143	137～141	3～4

（3）设置阻挡噪声传播途径的控制。例如，设置声屏障，其降噪效果如表 6.13 所示，图 6.12 是声屏障示意图。此外，在城市线路隔音带两侧，安装设置广告牌、广告墙、种植树木，既可起到阻挡声音传播的作用，又可达到美化环境、宣传教育、净化空气等多种效果。

表 6.13　不同声屏障结构类型可衰减声压级

声屏障结构类型	可衰减声压级 dB（A）	声屏障结构图式	工 程 造 价	
			元/延长 m²	元/m²
直立式隔声屏障	3～4	见图 6-12（a）	420	420
反射式吸声屏障	5～6	见图 6-12（b）	700	500
全反射式屏障	11～16	见图 6-12（c）	1 211.8	780
全封闭式屏障	20 以上	见图 6-12（d）	14 600	800

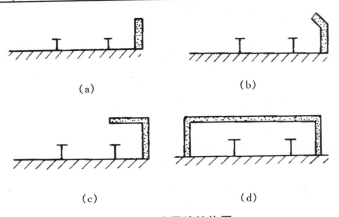

（a）　　　　　　　　　　（b）

（c）　　　　　　　　　　（d）

图 6.12　声屏障结构图

第二节　振动公害的特征及防治技术

一、振动公害的特征

振动是一种普遍的运动形式，当一物体处在周期性往复运动状态下时，就可以说物体在振动。如工厂车间机器、建筑施工机具、交通运输工具的振动。这些振动多数都通过地基传播，随着与振源的距离增加而减弱，对单个振动来说，其影响是局部的。但随着现代科技的发展，大量高转速、高效率的先进机械装备的采用，使得剧烈振动的发生率有上升的趋势。剧烈振动常使人感到不舒服、疲劳，甚至造成人体损伤，使仪器设备和建筑物损坏。

振动公害与噪声公害有着密切的联系，当振动频率在 20～20 000 Hz 的声频范围时，振动源同时又是噪声源。当声源的振动激发了某些固体物体的振动时，这种振动会以弹性波的形式在固体中传播，并向外辐射噪声（固体声）。当引起物体共振时，辐射噪声会很强。从这个意义上讲，防振技术也是防止噪声技术的一种。

振动对人体的心理、生理影响很大，特别是当振动频率接近某一器官的固有频率时，将引起该器官的共振，对该器官影响最大。人的胸腔和腹腔系统对频率为 4～8 Hz 的振动有明显的共振效应，因此，频率在 4～8 Hz 的振动对人体的影响和危害最大。此外，频率 20～30 Hz 的振动能引起"头-颈-肩"系统的共振，频率 60～90 Hz 的振动能引起眼球共振，100～200 Hz 的振动能引起"下颚-头盖骨"的共振，对人体产生损伤。

振动对建筑物的危害如图 6.13 所示。一般来讲，大振幅、低频率的振动对建筑物的危害较严重。

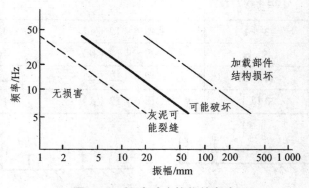

图 6.13　振动对建筑物的危害

振动强弱的评价，根据振动对人体的影响通常分成以下四级：

1. 感觉阈

是指人体刚刚能感觉到振动时的强度，人体对此是能忍受的。

2. 不舒适阈

振动增大到使人感到不舒适的强度。这时人产生了讨厌感，但没有产生生理影响，是一种心理反应。

3．疲劳阈

振动强度继续增强，人不仅产生心理反应，而且出现生理反应，振动通过刺激神经系统，对其他器官产生影响，使注意力转移，工作效率降低，当振动停止后，这些生理现象随即消失。

4．极限阈

当振动强度超过一定限度时，就会对人体造成病理性损伤，产生永久性病变，即使振动停止也不能复原，这时的振动强度就是极限阈。

二、振动的防治技术

（一）隔　振

隔振就是将振动源与基础或其他物体的刚性连接改为弹性连接，以减弱或隔绝振动的能量传递，从而达到防振的目的。工程上常用的隔振材料有钢弹簧、橡胶、软木、毡类等，如图6.14、6.15所示。近年来还出现了一种高效能隔振器——空气弹簧，如图6.16所示。此外，在振动波传播的方向上挖沟，也可以阻止振动的传播，这种沟叫防振沟。防振沟对于在地表面传播的振动的隔绝是非常有效的。

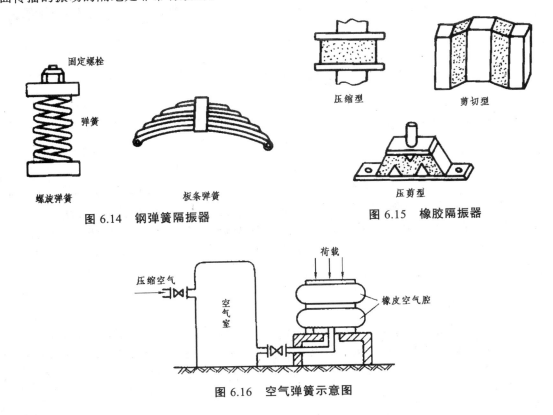

图 6.14　钢弹簧隔振器　　　　　　　　图 6.15　橡胶隔振器

图 6.16　空气弹簧示意图

（二）阻尼减振

许多设备是由金属薄板制成的，当这些设备运转或行驶时，金属薄板便会发生弯曲振动，

155

并发出强烈的噪声。对这一类振动，常在金属板等薄壁结构上涂上一层内摩擦损耗大的阻尼材料，这种减振方法叫阻尼减振技术。

阻尼材料减振主要是通过减弱金属板中传播的弯曲波来实现的。当薄板发生弯曲振动时，振动的能量迅速传给紧密涂在薄板上的阻尼材料，引起薄板与阻尼层之间和阻尼层内部的摩擦错动，使相当部分的薄板振动能被消耗，成为热能散发掉，从而减弱薄板的弯曲振动。同时，阻尼材料还能缩短薄板被激振后的振动时间，从而降低金属辐射噪声的能量。

常用的阻尼材料有沥青、软橡胶和各种高分子涂料。阻尼层的特性一般都采用材料的损耗因子 η 来衡量，η 值越大，材料的阻尼性能越好。大部分金属的损耗因子 η 的数量级为 $10^{-5} \sim 10^{-4}$，木材的为 $10^{-3} \sim 10^{-2}$，软橡皮的为 $10^{-2} \sim 10^{-1}$。

（三）质量平衡和动力吸振

旋转机械设备常因旋转体的重心偏心而产生不平衡力，从而引起振动。对于某些高速旋转的大型机械，往往引起强烈振动，造成严重的环境问题。控制这种振动最有效的办法是采用质量平衡的办法来避免偏心。当机械设备受某一固定干扰频率激发而振动时，可以在机械设备上附加一个振动系统，使干扰频率激发的振动降低，这种方法叫动力吸振。

质量平衡和动力吸振是从振动源本身来消除或减少振动，这在某些场合是最有效的措施。

第三节　电磁辐射的危害及防治措施

一、电磁辐射的危害

（一）电磁辐射的概念

简单地讲，电磁辐射就是变化的电场和磁场交替产生、由近及远以一定速度在空气间的传播过程，亦即平常所称的电磁波。按波长可将电磁波分为长波、中波、中短波、短波、超短波和微波等波段。按频率分为低频、高频、超高频和特高频。电磁波的波长越短、频率越高，辐射源输出的频率就越大，传播的距离就越远，受障阻的影响就越小，对人的影响越大。

（二）电磁辐射污染的种类

电磁辐射污染包括两类：天然源和人为源。天然源是由自然现象所引起。由于大气中发生电离作用，导致电荷的蓄积，从而引起放电现象。这种放电的频带较宽，可从几千赫兹到几百兆赫，乃至更高的频率。人为源按频率的不同可分为工频场源与射频场源。工频场源以大功率输电线路产生的电磁污染为主，也包括若干放电型污染源。射频场源主要由无线电或射频设备工作过程中产生的电磁感应与电磁辐射所引起。表6.14、表6.15分别给出天然与人为电磁污染源的分类与来源。由于电子工业的迅速发展与电气、电子设备的广泛应用，人为电磁辐射污染已成为环境污染的主要来源，也是防治的主要对象。

表 6.14　天 然 电 磁 污 染 源

分　类	来　源
大气与空间污染源	自然界的火花放电、雷电、台风、高寒地区飘雪、火山喷烟……
太阳电磁场源	太阳的黑子活动与黑体放射……
宇宙电磁场源	银河系恒星的爆发、宇宙间电子移动……

表 6.15　人 为 电 磁 污 染 源

分　类		设 备 名 称	污 染 来 源 与 部 件
放电所致污染源	电晕放电	电力线（送配电线）	由于高电压、大电流而引起静电感应、电磁感应、大地漏泄电流所造成
	辉光放电	放电管	白光灯、高压水银灯及其他放电管
	弧光放电	开关、电气铁道、放电管	点火系统、发电机、整流装置……
	火花放电	电气设备、发动机、冷藏车、汽车……	整流器、发电机、放电管、点火系统……
工频辐射场源		大功率输电线、电气设备、电气铁道	污染来自高电压、大电流的电力场电气设备
射频辐射场源		无线电发射机、雷达……	广播、电视与通风设备的振荡与发射系统
		高频加热设备、热合机、微波干燥机……	工业用射频设备的工作电路与振荡系统……
		理疗机、治疗机	医学用射频设备的工作电路与振荡系统……
建筑物反射		高层楼群以及大的金属构件	墙壁、钢筋、吊车……

（三）电磁污染的传播

电磁污染大体上可由以下三种途径传播。

1. 空间辐射

电子设备与电器装置在工作中，本身相当于一个多向发射天线，不断地向空间辐射电磁能。

2. 导线传播

当射频设备及其他设备同一电源，或者两者间有电气连接关系，由磁能（信号）通过导线进行传播。此外，信号输出输入电路、控制电路等，在强磁场中拾取信号进行传播。

3. 复合传播

同时存在空间传播与导线传播，称为复合传播。

（四）电磁辐射污染的危害

电磁辐射对人体的危害程度随波长而异，波长愈短对人体作用愈强，微波作用最为突出。射频电磁场的生物学活性与频率的关系为：微波＞超短波＞短波＞中波＞长波。不同频段的电磁辐射在大强度与长时间作用下，对人体产生下述病理危害。

（1）处于中、短波频段电磁场（高频）的人员，经过一定时间的暴露，将产生身体不适感，严重者可引起神经衰弱症候群与反映在心血管系统的植物神经失调。但这种症候在脱离作用区后一定时间即可消失，不会形成永久性损伤。

（2）处于超短波与微波电磁场中的作业人员与居民，其受害程度比中、短波严重。尤其是微波的危害更严重。频率在 3×10^8 Hz 以上的电磁波作用在人体上，其辐射能使机体内分子与电解质偶极子产生强烈射频振荡，产生摩擦热能，从而引起机体升温。其作用的后果将是引起严重的神经衰弱症状，最突出的是造成植物神经紊乱。在高强度与长时间的作用下，对视觉器官和生育机能都将产生严重不良的影响。微波危害的一个显著特点是具有积累性，时间越长、次数越多，越难恢复。

当然，电磁辐射强度在一定范围内时，对人体还有良好作用，磁性理疗即属于此类。

二、电磁辐射的防护措施

（一）电磁屏蔽

即采用一种能抑制电磁辐射能扩散的材料，将电磁场源与外界隔离开来，使辐射能限制在某一范围内，从而达到防止电磁污染的目的。当电磁辐射作用于屏蔽体时，因电磁感应，屏蔽体产生与场源电流方向相反的感应电流而生成反向磁力线，这种磁力线与场源磁力线相抵消，达到屏蔽效果。使屏蔽体接地，还可达到对电场的屏蔽作用。

屏蔽方式有两种，一种叫主动场屏蔽，即将场源作用限制在某一范围之内，场源与屏蔽体之间距离小，结构严密，为屏蔽强大电磁场的一种方法，屏蔽体必须接地。另一种叫被动屏蔽，即将场源设置于屏蔽体之外，使之对限定范围内的生物机体或仪器不产生影响，屏蔽体与场源间距离大，屏蔽体可不接地。

（二）电磁吸收

即采用某种能对电磁辐射产生强烈吸收作用的材料敷设于场源外围，以防止大范围的污染。目前，电磁辐射吸收材料有两种，一种为谐振型吸收材料，是利用某些材料的谐振特性制成的吸收材料，这些材料厚度小，对频率范围较窄的微波辐射有较好的吸收效果。另一种为匹配型吸收材料，即利用某些材料和自由空间的阻抗匹配，达到吸收微波辐射能的目的。

应用吸收材料防护，多在要求要将辐射能大幅度衰减的场合，如微波设备的调试过程。常用的吸收材料为各种塑料、橡胶、胶木、陶瓷等加入铁粉、石墨、木材和水等物质而制成。此外，还可用等效天线吸收辐射能。

（三）远距离控制和自动作业

根据射频电磁场（特别是中、短波）的场强随距离的增大而迅速衰减的原理，若采取对射频设备远距离控制或自动化作业的方法，则可显著减少对操作人员的危害。

（四）线路滤波

在电源线与设备交接处加电源滤波器，一方面保证低频信号畅通，另一方面可减少或消除电源线可能传播的高频射频信号和电磁辐射能，起到防止污染的作用。

（五）个人防护

对于无屏蔽条件的操作人员或其他人员，在直接暴露于微波辐射区时，可采取穿防护衣、戴防护头盔和防护眼镜的个人防护措施。

第四节 放射性污染与处理技术概述

一些物质由于其原子核内部发生衰变而放射出射线（α、β、γ射线与中子射线等）的性质叫作放射性。近年来，随着原子能工业的日益发展及核能、核素在许多领域中的广泛应用，放射性污染正不断增加。苏联时期切尔诺贝利核电站的核泄漏事故就是一次严重的放射性污染事件，致使当天（1986年4月26日）死亡35人，233人受到严重放射性损伤，并波及欧洲诸国。可以说放射性污染已严重威胁着人类和人类生存的自然环境。

一、放射性污染的来源

（一）自然本底辐射线照射

人类环境中存在着天然放射性物质。地壳所含的放射性核素最主要的有铀、钍及其子体和含量丰富的 ^{40}K 等。这些放射性物质，使人们每年受到的外照射约 50 mrem（毫雷姆[①]）；通过饮水、食物链和呼吸进入人体产生的内照射约 20 mrem。另外，来自地球外的高能带电粒子（大多数为质子）的宇宙射线，在大气层中和氧、氮原子相遇，会产生像氚和 ^{14}C 这样一些放射性核素。对于宇宙射线产生的外照射，每人每年平均为 30 mrem。总之，1 个普通居民每年受到的照射约为 100 mrem。这种对人体的天然照射称为自然本底照射。对多数人来说，本底照射仍然是主要的放射性污染源。

（二）原子能利用过程中的放射性照射

原子能工业是一个综合性的工业部门，大致可分为四大部分：铀矿的勘探和开采；核燃料循环；反应堆的建造和运行；原子能的利用，如图 6.17 所示。

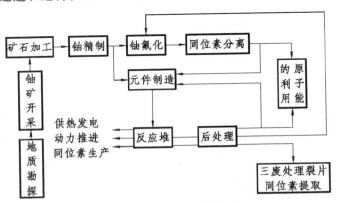

图 6.17 原子能工业简图

---

① 雷姆（rem）。1 rem = 10^{-2} Sv（希），1 Sv = 1 J/kg。

原子能工业中，核燃料循环包括下列几个步骤：先将铀矿石加工和水冶，提取铀的化合物，再精制纯的铀化合物或金属铀。铀同位素的分离，是以气态六氟化铀形式通过扩散或离心分离法浓集 ^{235}U，然后再制成核燃料元件，由核燃料元件构成反应堆，反应堆燃烧释放出能量用来供热、发电以及做船舶和潜艇的动力，也可用来生产各种人工放射性核素。核燃料后处理就是将使用过的核燃料元件从反应堆卸出后进行化学处理，提取没用完的 ^{235}U 和新产生的 ^{239}pu。当然，原子能工业从工程设计到操作运行都要采用各种安全措施，对有放射性的"三废"排放也是严格控制的。

放射性污染的来源主要有：从生产过程看，铀矿山的放射性物质主要来自氡及其衰变子体以及放射性粉尘。水冶厂的氡排放量较低，但在用以提取铀的尾矿中，镭约占原矿石中镭的 95% 以上。由于镭衰变会放出氡，因此，尾矿仍然是放射性污染源之一。真正的精制铀的过程，放射性很低，并远远小于这些工厂本身排放的化学毒性（氟化物）对环境的影响。核电站的反应堆多为轻水堆（包括压水堆、氟水堆）、石墨气冷堆和重水堆，堆心核燃烧元件为氧化铀。铀裂变产生的放射性最强，必须设置层层屏障以防止其外溢泄漏。反应堆的安全壳是防止放射性物质扩散到环境中去的最后一道屏障。壳内设有水喷淋系统，以便冷凝事故发生时释放出来的大量蒸气，吸收放射性碘和冲洗放射性粉尘。正常情况下，核电站对环境的污染较小，其放射性照射剂量一般不超过本底辐射剂量的 1%。

核燃料后处理厂在废料处理过程中会排出放射性污染物，其中锶（^{90}sr）、铯（^{137}Cs）、钚（^{239}pu）半衰期长、毒性大。虽然被处理的燃料元件仍然含有大量长寿命的放射性核素，但他们绝大部分以浓缩废液形式被存放在不锈钢槽内。只有放射性气体及带有放射性核素的废气和废水经处理后向环境排放。

（三）核武器试验

核试验有大气层试验、水下试验、外层空间试验、地面试验以及地下试验等多种形式。核爆炸过程中，瞬间能产生穿透性很强的中子和 γ 射线，这些称为瞬间核辐射。同时，也产生大量的放射性核素，称为剩余核辐射。这些辐射主要来自裂变产物、没有反应的裂变物质和中子的活化产物三方面。在核爆炸的高温下，这些放射性核素呈气态，随爆炸火球上升。当温度逐渐下降时，它们便凝成为细小颗粒随蘑菇云扩散，并逐渐沉降到地面，成为放射性沉降物。大颗粒在几小时内便在爆炸区附近下风几百公里的范围内沉降完毕。而较细小的颗粒随烟云到达对流层顶部，进入平流层，随大气环流流动，经几个月甚至几年才回到对流层，造成全球性的放射性污染。

（四）医疗照射

在医疗、诊断和检查中，肺部进行一次 X 光透射，约接受剂量为 0.04～0.2 rem（雷姆）的照射；肩部透视为 0.7～1.0 rem；胃部透视为 1.5～3 rem。在辐射治疗恶性肿瘤时，患者局部所受剂量可高达数千雷姆。虽然通过辐射诊断、治疗，能够及早发现疾患，及时治愈疾病，其得益远大于危害，但并不表明现行的辐射医疗诊断方法和所采用的剂量范围是合理的。目前还做不到既满足诊断要求，又使患者所受辐射最小，甚至免受辐射。

（五）建筑材料照射

采用铀、镭含量高的花岗岩、土坯和砖瓦等材料建筑房屋时，室内 γ 射线照射量有时可高达 100 μR/h 以上，同时还会使室内氡气及其子体的含量增加。当关闭门窗时，也可到 1×10^{-11} Ci/K[①]，甚至更高，这已是在放射工作场所中氡的最大允许浓度值。我国放射性防护规定，放射性大于 1×10^{-7} Ci/kg 的物品就应按放射性废物处理。因此，凡超过这个数值的天然材料、工业废渣等皆不应用作民用建筑材料。

（六）其他放射性污染

若工业、农业或科研部门使用的放射性物品管理不善或放射性物品遗失、被窃、误用，以及放射性物品运输事故、放射性废物处理失去控制等也会造成大剂量的放射性污染。在日常生活中，使用夜光表能使表面产生大到 2 mR/h 的照射剂量，黑白电视机发出的 X 射线对人也会产生大到 1 mrem/a 的剂量，彩色电视机还要高几倍。这些辐射剂量虽然很低，但对其影响应进行深入研究。

二、放射性污染对人体的危害

自从发现 X 射线和镭以后，相继出现了放射性损伤、皮炎、皮癌、白血病、再生障碍性贫血等疾病，以后又发现接触光涂料（含镭）的女工患下颌骨癌，而铀矿开采工人肺癌的发病率很高。特别是 1945 年原子弹在日本广岛、长崎爆炸后，当地居民由于受辐射的影响，恶性肿瘤、白血病等发病率明显增高。

放射性物质主要是通过食物链经消化道进入人体，其次是呼吸道，通过皮肤吸收的很少，如图 6.18 所示。放射性核素进入人体后，其放射性对机体产生持续照射，一直要到放射性核素衰变为稳定性核素或全部排出体外为止。放射性核素在人体内的分布也不一定均匀，往往只对某些器官产生局部效应。当内照射剂量较大时，可出现近期效应，如头痛、头晕、食欲下降，继而出现白细胞和血小板减少等病变。超剂量的放射性物质的长期作用，可以产生远期效应，如出现恶性肿瘤、白血病和遗传障碍等症状。

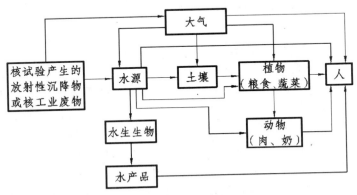

图 6.18 放射性物质进入人体途径

总之，防止放射性污染不容忽视，应注意放射性核素在环境中的分布、转移和进入人体的作用规律，以便随时进行监控。

---

① 居里（Ci）。1 Ci = 3.7×10^{10} Bq（贝可），1 Bq = $1\ s^{-1}$（贝可［勒尔］是放射性活度 SI 单位每秒的专名）。

三、放射性污染的控制

（一）放射性辐射的防护标准

目前，我国采用"最大容许剂量当量"来控制从事放射性工作人员的照射剂量，在这样的剂量下对人体及其后代都不会产生明显的危害。我国《电离辐射防护与辐射源安全基本标准》（GB 18871—2002）对放射性工作人员的剂量限值要考虑随机性效应和确定性效应，并同时满足以下两种限值：

为了防止有害的确定性效应，任一器官或组织所受年当量剂量不得超过 500 mSv，眼晶状体不得超过 150 mSv；为了限制随机性效应，放射性工作人员受到全身均匀照射时的年当量剂量不得超过 50 mSv，当受到不均匀照射时，年有效剂量 $E = \sum W_{\mathrm{T}} H_{\mathrm{TR}} \leqslant 50\,\mathrm{mSv}$（这里的有效剂量为人体各组织或器官的当量剂量乘以相应的组织权重因数的和）。

（二）放射性污染物的处理方法

与其他废物的处理相比，放射性废物处理一般只改变放射性物质存在的形态，以达到安全处置的目的。对于中、高浓度的放射性废物，采用浓缩、储存和固化的方法；对于低浓度的放射性废物，则采用净化处理或滞留衰减到一定浓度以下再稀释排放。

1. 放射性废水的处理

放射性废水的处理方法主要有稀释排放法、放置衰变法、混凝沉降法、离子变换法、蒸发法以及固化法等，其中固化法又包括沥青固化法、水泥固化法、塑料固化法和玻璃固化法。

2. 放射性废气的处理

对铀开采过程中产生的粉尘、废气及其子体，可通过改善操作条件和通风系统来解决。燃料后处理中产生的废气，多为放射性碳和稀有气体，先将燃料冷却 99～120 d，待放射性衰变后，用活性炭或银质反应器系统去除大量挥发性碘。铀矿山、水冶厂排出的氡，浓度一般较低，多采用高烟囱排放在大气中扩散稀释的办法。对放射性气溶胶可采用普通的空气净化方法，采用过滤、离心、洗涤、静电除尘等方法处理。

3. 放射性固体废物的处理

放射性固体废物主要是指被放射性物质污染的各种物件，例如，报废的设备、仪表、管道、过滤器、离子交换树脂以及防护衣具、抹布、废纸、塑料等。对这些废物可分别采取焚烧、压缩、洗涤去污等方法。焚烧可使可燃性固体废物体积缩小，并防止废物散失，但需注意放射性废气、灰尘及有机挥发物的处理；压缩是将密度小的放射性废物装在容器内压缩减容；洗涤是对一些可以重新使用的设备器材，用洗涤剂进行去污处理。对大型金属部件因局部受 α 核素污染，去污困难时可用喷镀处理。对放射性固体的最终处理还是广泛采用金属密封容器或混凝土容器包装后，储存于安全之处，让其衰变。目前，切实可行的方法是将其埋置于地下 300～1 000 m 甚至更深的地层中永久储存。埋置法要求地层屏障能在 10^4～10^5 年内阻止核废物进入生物圈。

当然，对放射性核废物的最终处置，全世界都还未妥善解决，各个有核国家都还处在积极探索研究之中。

思 考 题

1. 什么叫噪声？为什么用声压级与声强级来衡量声音的强弱？

2. 试比较噪声公害与其他公害的异同。试述防止噪声污染的技术方法。

3. 简述铁路噪声的特征及其防治措施。试分析随着铁路运输向高速、重载方向发展，铁路噪声污染可能会出现的新特点。

4. 若声压为 20 Pa，试问其声强为多少（W/m^2）？

5. 已知有四种噪声，其声压级分别为 78、82、83、85 dB（A），试求这四种噪声的合成声压级。

6. 试问人们能听见声强级或声压级为零分贝（dB）的声音吗？为什么？

第六章　导学、例题及答案

第七章　环境质量评价

环境科学的研究内容，就其实质可以归结为两点：一是研究人类社会经济行为引起的环境质量的发展变化规律以及环境质量对人类社会的反作用；二是研究解决人类社会经济与环境协调持续发展的途径和方法。人类只有对环境质量的特性、变化规律以及环境质量与人类社会发展的辩证关系充分了解掌握之后，才谈得上保护环境，才谈得上协调环境与经济的发展。所以说，环境质量是环境科学研究的核心。那么，什么是环境质量？我们怎么去识别它、评价它？这便是本章要讨论的内容。

第一节　环境质量评价简述

一、基本概念

（一）环境质量

环境是由环境要素组成的。所谓环境要素是指构成环境整体的各个独立的、性质不同而又服从总体演化规律的基本物质组分。它分为自然环境要素（例如：大气环境、水环境等）和社会环境要素。在一个总体环境中，各环境要素在数量上、空间上是按一定的关系配置起来的，这种配置关系就叫环境结构。一个环境系统，当它内部的环境结构不同时，它的外部就表现出不同的特性，即不同的状态。由此可见，环境系统的内在特征表现为环境结构，外在特征表现为环境状态。那么，环境质量就是环境系统客观存在的一种本质属性，是对环境系统所处状态的一种整体描述。

环境状态越好，环境质量就越优，环境对人类健康、生态环境的危害就越小，相反，环境状态不好，环境质量就越差，环境对人类健康、生态环境的危害就越大。所以环境质量是对环境状态好坏的定量表达。既然环境是由自然环境要素和社会环境要素构成的，那么环境质量也就包括整体环境质量和各要素环境质量（如大气环境质量、水环境质量、土壤环境质量），只有各要素环境质量均是优良的，总体环境质量才是优良的，只要有一个要素的环境质量差，那么总体环境质量也就差。

环境无时无刻不在运动变化着，描述环境系统所处状态的环境质量当然也就随之而变。环境质量的运动变化所遵循的客观规律称为环境质量的变异规律。引起环境质量变化的原因有两种：一是人类的生活、生产活动；二是自然力的作用。

（二）环境质量的价值

过去，人们总是认为环境是一个取之不尽、用之不竭的资源库，无论你怎样剥夺它、损害它，对它都不会造成影响，根本没有认识到还有环境质量问题的存在。直到近几十年来，随着一系列环境问题的出现，人们才发觉环境并不是"光热无尽的太阳"，也存在一个限度问题，也存在质量的问题。并且，人们还发觉环境质量与人类生存发展之间存在着一种特定的关系，这种关系主要体现在环境质量的价值方面。环境质量的价值主要表现在：对人类健康生存的影响、对人类发展的影响、对生态的影响、对文化的影响。

（三）环境质量评价

环境质量的价值体现了环境质量与人类的生存、发展息息相关。人类要想持续生存发展下去，必须要对自己的经济行为造成的环境质量的变化作出评判，以达到防微杜渐之目的。所以，环境质量评价就是对环境质量的价值作出判断，评价环境质量与人类生存发展需要之间的关系。

二、环境质量评价的分类

环境质量评价从时间上来分，可分为现状评价、影响评价和回顾评价三种类型。

（1）现状评价：根据近期的环境监测资料，对一个地区的环境质量价值现状进行评价，以此来了解该地区当前环境污染的程度和范围。

（2）影响评价：对拟议的人类的决策和开发建设活动可能对环境造成的影响，进行系统地分析和评价，并提出减少这些影响的对策措施。

（3）回顾评价：是指建设项目建成投入营运后，通过现场测试手段，来评价该项目的实际环境影响，以评价原影响评价结论的准确性、可靠性和环境保护措施的有效性。

目前，我国主要开展的是环境影响评价。

环境质量评价工作若从环境要素来看，可分为单要素评价和综合评价。单要素评价如大气环境质量评价、水环境质量评价、土壤环境质量评价等。对一个地区各环境要素进行联合评价，称为区域环境质量综合评价。

三、环境影响评价的内容

目前，我国开展的主要是环境影响评价，分为规划环境影响评价和建设项目环境影响评价。

（一）规划环境影响评价的内容

一般说来，规划环境影响评价包括以下一些内容；

（1）调查评价区域内的自然环境、社会环境状况；

（2）调查、分析区域内现有的主要污染源和污染物，找出已存在的主要环境问题；

（3）对现有环境质量状况作出评价；

（4）根据区域规划的开发建设任务，分析区域内即将出现的污染源、污染物，分析即将出现的环境问题；

（5）研究区域内的环境污染物扩散规律，建立或选用环境质量模型；

（6）根据规划的开发建设活动的具体内容，定性、定量分析其对评价区域将来的环境质量的影响程度和范围；

（7）提出改善环境质量的措施和建议，协调环境与经济的发展。

（二）建设项目环境影响评价的内容

（1）介绍建设项目情况。

（2）调查建设项目周围的环境现状。

（3）分析建设项目可能对环境造成的影响程度和范围。

（4）提出建设项目应采取的环境保护措施及进行经济技术论证。

（5）提出对建设项目环境监督管理的建议。

（6）明确得出环评结论。

四、环境影响评价的作用

环境影响评价的作用，可用一句话来概括：预防环境污染的发生，杜绝重蹈西方国家"先污染、后治理"的覆辙，保障环境与经济的持续协调发展。具体说其作用表现在以下几点。

（1）贯彻"以防为主"的方针，防止新的污染出现。环境影响评价，由于预测了经济行为对环境质量产生的危害程度，提出了应采取的控制措施，所以有力地杜绝了新污染的发生，预防了环境污染。

（2）保证规划布局的合理性。根据环境质量评价的结果，应用系统工程理论，在满足经济效益、社会效益、环境效益高度统一的情况下，对建设项目选址、城市发展规划进行合理布局。

（3）为环境管理提供科学依据。根据评价结果，对项目或经济区域开发的环境保护管理提供适宜对策，如对环境管理机构、监测机构的设置，建立对重点污染物和污染源的监测制度等。

（4）协调环境与经济持续发展的关系。这是环境质量评价的最终目的，经过环境质量评价，找出了环境问题，提出了解决措施，预防了环境污染的发生，解决了经济持续发展与环境污染之间的矛盾，保证了环境与经济的持续协调发展。

第二节　环境质量现状评价

环境质量现状评价，就是分析研究现有的环境污染水平，也即是分析现有的人类活动对环境所造成的危害程度。它的主要内容是：查清评价区内已有的污染源和污染物，摸清评价因子的本底浓度值，分析现有环境质量与人类发展间的关系。

一、环境质量评价标准

对任何事物进行评价，必须首先选择一个标准，只有对比这个标准，才能得出评价对象的价值作用。所以，在进行环境质量评价之前，首先要选择环境质量评价标准。目前主要采用环境质量标准作为环评标准。

环境质量标准是为了保护人类健康、保护社会物质财富、维护生态平衡、维持经济效益和环境效益的统一，而对一定空间和时间范围内的环境中的有害物质或因素的容许浓度所作出的规定。环境质量标准是环境政策的目标，是制定污染物排放标准的依据，是评价各地环境质量状况的标尺。

由于不同的人类生活、生产活动对环境质量的要求各不相同，因此，将环境质量标准进行了分级。不同的功能区域执行不同的标准级别。

我国颁布的环境质量标准有：《环境空气质量标准（GB 3095—2012）》、《声环境质量标准（GB 3096—2008）》、《海水水质标准（GB 3097—1997）》、《地表水环境质量标准（GB 3838—2002）》等。

二、环境质量现状评价的工作程序

环境质量现状评价工作常按下述步骤进行，图 7.1 是其工作程序图。

（1）确定评价对象和目的，制定工作大纲。首先根据任务委托书，弄清楚评价对象和评价目的，划定评价范围，编制评价大纲。

（2）收集相关的背景资料。根据环评大纲的规定，收集与评价主题有关的社会环境和自然环境资料，特别要注意收集有关污染源和污染物的资料。

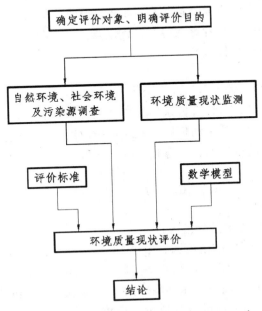

图 7.1 环境质量现状评价工作程序

（3）进行环境质量现状监测。根据收集的背景资料，对有关污染因子进行现状监测分析。

（4）选择评价标准。根据评价区的功能特征，选择相应的环境质量标准。

（5）建立评价模型。根据评价区的具体情况，建立环境质量评价数学模型。

（6）现状评价。根据监测分析的结果和选定的标准及环境现状评价数学模型，对现有环境质量进行评价。

（7）作出结论。明确给出评价结论，并针对该结论情况，提出有关建议和措施。

三、环境质量现状监测

环境监测是识别现有环境质量状况的主要手段，它是环境质量评价最基础、最根本的一步。环境监测涉及的技术问题主要有：监测项目、监测范围、监测布点、监测时间和分析方法。

监测项目一般根据评价区污染源调查结果和拟建工程的排污情况来确定，对已筛选出来的评价因子，一般应列为监测项目。

监测范围取决于拟建工程污染源所能明显影响到的空间尺度。区域环境评价时，整个评价区域都是监测范围。

为了能在一定的空间范围内得到较为符合实际情况的污染物浓度分布，监测点的布置一定要有代表性，布点时还要考虑人力、物力和监测条件等因素，监测点的数量要设置恰当。监测时间原则上应是春、夏、秋、冬各一次，每次连续采样 7 天（大气）或 3 ~ 5 天（水），每天采样 4 ~ 6 次（大气）或 1 ~ 2 次（水）。在具体进行一项评价时，可根据实际情况和评价工作等级适当增减。监测分析方法按相关环境质量标准或其他有关规范中规定的方法执行。

四、环境质量现状的评价方法

环境质量现状的评价方法目前有许多种，如环境质量指数法、分级评分法、模糊评判法、灰色理论法、层次分析法等。每种方法各有其优缺点，这里仅介绍我国常用的空气质量指数法和地表水环境质量单因子评价法。

（一）环境空气质量指数法

环境空气质量指数法有许多计算方法，如格林大气污染综合指数，美国橡树岭大气质量指数，密特朗大气指数。我国采用的环境空气质量指数法计算方法如下：

首先根据各污染因子的浓度值，计算相应的分指数：

$$I_{\mathrm{P}} = \frac{I_{\mathrm{PH}} - I_{\mathrm{PL}}}{C_{\mathrm{PH}} - C_{\mathrm{PL}}}(C_{\mathrm{P}} - C_{\mathrm{PL}}) + I_{\mathrm{PL}} \tag{7.1}$$

式中　I_{P}——污染物 P 的空气质量分指数；

　　C_{P}——污染物 P 在空气中的浓度值，$\mu g/m^3$；

　　C_{PH}——表 7.1 中与 C_{P} 相近的污染物浓度限值的高位值，$\mu g/m^3$；

　　C_{PL}——表 7.1 中与 C_{P} 相近的污染物浓度限值的低位值，$\mu g/m^3$；

　　I_{PH}——表 7.1 中与 C_{PH} 对应的空气质量分指数；

　　I_{PL}——表 7.1 中与 C_{PL} 对应的空气质量分指数。

然后计算空气质量指数：

$$AQI = Max[I_1, I_2, I_3, \cdots I_n]$$ （7.2）

式中　AQI ——空气质量指数；

　　　n ——污染因子数

根据表 7.2 确定空气质量级别。

表 7.1　空气质量分指数及对应的污染物浓度限值

空气质量分指数（IAQI）	污染物项目浓度限值									
	二氧化硫（SO_2）24 小时平均（$\mu g/m^3$）	二氧化硫（SO_2）1 小时平均（$\mu g/m^3$）	二氧化氮（NO_2）24 小时平均（$\mu g/m^3$）	二氧化氮（NO_2）1 小时平均（$\mu g/m^3$）	颗粒物（粒径小于等于 10 μm）24 小时平均（$\mu g/m^3$）	一氧化碳（CO）24 小时平均（mg/m^3）	一氧化碳（CO）1 小时平均（mg/m^3）[1]	臭氧（O_3）1 小时平均（$\mu g/m^3$）	臭氧（O_3）8 小时滑动平均（$\mu g/m^3$）	颗粒物（粒径小于 2.5 μm）24 小时平均（$\mu g/m^3$）
0	0	0	0	0	0	0	0	0	0	0
50	50	150	40	100	50	2	5	160	100	35
100	150	500	80	200	150	4	10	200	160	75
150	475	650	180	700	250	14	35	300	215	115
200	800	800	280	1 200	350	24	60	400	265	150
300	1 600	(2)	565	2 340	420	36	90	800	800	250
400	2 100	(2)	750	3 090	500	48	120	1 000	(3)	350
500	2 620	(2)	940	3 840	600	60	150	1 200	(3)	500
说明：	（1）二氧化硫（SO_2）、二氧化氮（NO_2）和一氧化碳（CO）的 1 小时平均浓度限值仅用于实时报，在日报中需使用相应污染物的 24 小时平均浓度限值。 （2）二氧化硫（SO_2）1 小时平均浓度值高于 800 $\mu g/m^3$ 的，不再进行其空气质量分指数计算，二氧化硫（SO_2）空气质量分指数按 24 小时平均浓度计算的分指数报告。 （3）臭氧（O_3）8 小时平均浓度值高于 800 $\mu g/m^3$ 的，不再进行其空气质量分指数计算，臭氧（O_3）空气质量分指数按 1 小时平均浓度计算的分指数报告。									

表 7.2　空气质量指数分级相关信息

空气质量指数	空气质量指数级别	空气质量指数类别及表示颜色		对健康影响情况	建议采取的措施
0 ~ 50	一级	优	绿色	空气质量令人满意，基本无空气污染	各类人群可正常活动
51 ~ 100	二级	良	黄色	空气质量可接受，但某些污染物可能对极少数异常敏感人群健康有较弱影响	极少数异常敏感人群应减少户外活动
101 ~ 150	三级	轻度污染	橙色	易感人群症状有轻度加剧，健康人群出现刺激症状	儿童、老年人及心脏病、呼吸系统疾病患者应减少长时间、高强度的户外锻炼
151 ~ 200	四级	中度污染	红色	进一步加剧易感人群症状，可能对健康人群心脏、呼吸系统有影响	儿童、老年人及心脏病、呼吸系统疾病患者避免长时间、高强度的户外锻炼，一般人群适量减少户外运动
201 ~ 300	五级	重度污染	紫色	心脏病和肺病患者症状显著加剧，运动耐受力降低，健康人群普遍出现症状	儿童、老年人和心脏病、肺病患者应停留在室内，停止户外运动，一般人群减少户外运动
> 300	六级	严重污染	褐红色	健康人群运动耐受力降低，有明显强烈症状，提前出现某些疾病	儿童、老年人和病人应当留在室内，避免体力消耗，一般人群应避免户外活动

例 7.1　经监测分析，某区域 PM_{10} 日均浓度为 $0.38\ mg/m^3$，$PM_{2.5}$ 日均浓度为 $0.25\ mg/m^3$，SO_2 日均浓度为 $0.20\ mg/m^3$，NO_2 日均浓度为 $0.08\ mg/m^3$。试评价该区域的大气质量状况。

解　首先计算各污染因子的分指数：

PM_{10}：$I_{PM_{10}} = \dfrac{300-200}{420+350}(380-350)+200 = 242.86$

$PM_{2.5}$：$I_{PM_{2.5}=300}$

SO_2：$I_{SO_2} = \dfrac{150-100}{475-150}(200-150)+100 = 107.69$

NO_2：$I_{NO_2} = 100$

所得：$AQI = Max(I_{PM_{10}}, I_{PM_{2.5}}, I_{SO_2}, I_{NO_2}) = 300$

查表 7.2 知，该区域空气质量处于重度污染。

（二）地表水环境质量评价法

水环境质量评价也有采用指数方法的，且水环境质量指数的计算方法也非常多，比较典型的有：罗斯水质指数，内梅罗水污染指数，布朗水质指数。我国主要采用单因子法评价，根据各污染因子的浓度监测值，分别对照《地表水环境质量标准（GB 3838—2002）》中各因子的浓度限值，判断其所处的类别，取最高的那一项作为整体水质类别，然后查表 7.3，定性其污染程度。

表 7.3　断面水质定性评价

水质类别	水质状况	表征颜色	水质功能类别
Ⅰ～Ⅱ类水质	优	蓝色	饮用水源地一级保护区、珍稀水生生物栖息地、鱼虾类产卵场、仔稚幼鱼的索饵场等
Ⅲ类水质	良好	绿色	饮用水源地二级保护区、鱼虾类越冬场、洄游通道、水产养殖区、游泳区
Ⅳ类水质	轻度污染	黄色	一般工业用水和人体非直接接触的娱乐用水
Ⅴ类水质	中度污染	橙色	农业用水及一般景观用水
劣Ⅴ类水质	重度污染	红色	除调节局部气候外，使用功能较差

例 7.2　经监测分析，某河流 BOD 浓度为 $5.6\ mg/L$，COD 浓度为 $7\ mg/L$，NH_3-N 浓度为 $0.5\ mg/L$，DO 浓度为 $5.6\ mg/L$，试评价该河流的水质状况。

解　首先，查表《地表水环境质量标准（GB 3838—2002）》判断各污染因子所处的类别：

BOD：实测浓度 $5.6\ mg/L$ 属于Ⅳ类水；

COD：实测浓度 $7\ mg/L$ 属于Ⅰ类水；

NH_3-N：实测浓度 $0.5\ mg/L$ 属于Ⅱ类水；

DO：实测浓度 $5.6\ mg/L$ 属于Ⅲ类水；

取最高级别的 BOD 所属类别为整体水域的类别。即，该河流属于Ⅳ水域，查表 7.3 可知该河流已轻度污染。

第三节 环境影响评价

环境影响评价是一项技术，是用以识别和预测某项人类活动对环境所产生的影响，并根据影响程度和社会经济的具体情况，制定出减轻不利影响的对策措施，以使人类行为与环境之间协调发展。根据目前人类活动的范围程度，可以将环境影响评价分为四种类型。

（1）单个建设项目的环境影响评价。在一个工程项目建设之前，在对建设区的污染情况、污染规律和建设项目的排污情况都充分了解的基础上，应用一定的预测方法分析工程建设在建设期和投产运行期对周围环境所产生的影响，并提出相应的防治措施。

（2）区域开发的环境影响评价。把整个开发区作为一个整体考虑，将开发区进行环境功能分区，对开发区未来的产业结构、产业布局和经济发展速度对环境的影响进行分析，并提出合理的建议和措施。

（3）规划的环境影响评价。对政府及政府有关部门编制的规划所带来的环境影响进行评价，分析评价规划在实施过程中和实施后，对环境产生的影响程度，以提出防治措施（包括修改规划、环境保护工程措施和管理措施）。

（4）公共政策的环境影响评价。对国家权力机关发布的公共政策所带来的环境影响进行评价。显然，这是战略性的环境影响评价，其根本目的是分析评价公共政策执行后，对环境产生的各种影响及影响程度，对那些产生不利影响的政策内容，提出修正意见和建议。

本节主要讨论建设项目的环境影响评价。

一、环境影响评价的工作程序

根据《建设项目环境影响评价技术导则 总纲》（HJ 2.1—2016）规定，环境影响评价通常包括下述技术过程，如图 7.2 所示。

第一阶段为准备阶段，主要工作为研究有关文件，进行初步的工程分析和环境现状调查，筛选重点评价项目，确定各单项环境影响评价的工作等级，编制评价大纲。

第二阶段为正式工作阶段，主要工作是进一步的工程分析和环境现状调查，并进行环境影响预测和环境影响评价。

第三阶段为报告书编制阶段，主要工作为汇总、分析第二阶段工作所得到的各种资料、数据，给出结论，完成环境影响报告书的编制。

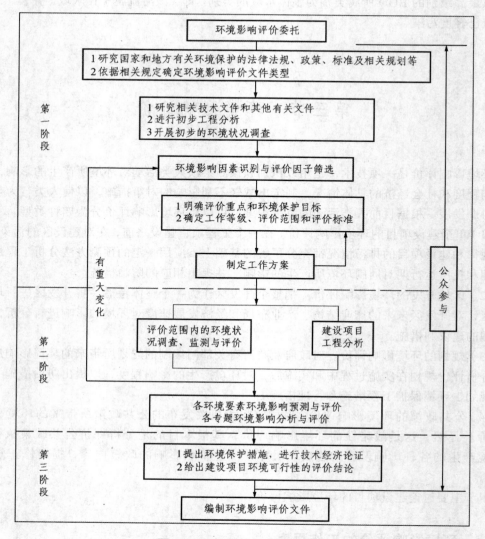

图 7.2　环境影响评价工作程序

二、环境影响评价的工作内容

（一）环境影响识别

环境影响识别是开展环境影响评价工作的基础，它是根据建设项目的工程特点和受影响区域的环境特征，分析建设项目对环境可能产生影响的行为和与之对应的环境要素。环境影响识别应分别在建设项目的不同阶段（施工期、运营期、退役后）进行分析说明，着重阐述它对各环境要素的影响范围和程度，这些影响包括有利与不利影响、直接与间接影响、长期与短期影响、可逆与不可逆影响等。最后筛选出主要影响因素和主要污染物作为评价因子。环境影响识别常采用的方法有清单法、矩阵法、叠图法等。

（二）环境影响评价工作等级的划分

根据建设项目的工程特点（主要指工程性质、工程规模、能源及资源的使用量及类型、污染物排放特点等）和建设项目所在地区的环境特征（自然环境特点、环境敏感程度、环境质量现状及社会环境状况等）及国家和地方政府的有关法规（环境质量标准、污染物排放标准等）等，对各单要素环境影响评价工作进行分级。一般分为三级，一级评价内容最详，二级次之，三级较简略。如何对环境影响评价工作进行分析，可参见《建设项目环境影响评价技术导则》（HJ 2.1—2016 、 HJ 2.2—2018、HJ 2.3—2018、HJ 2.4—2021、HJ 19—2022）。

三、建设项目概况及工程分析

建设项目概况应当包括建设项目的名称、地点及建设性质；建设规模（扩建和改建项目应说明原有规模）、占地面积及厂区平面布置（应附平面图）；土地利用情况和发展规划；产品方案和主要工艺方法、工艺过程（附工艺流程图）；职工人数和生活区布局；主要原料、燃料及其来源和储运，物料平衡，水的用量与平衡，水的回用情况；废水、废气、废渣、放射性废物等的种类、排放量和排放方式，以及其中所含污染物种类、性质、排放浓度；产生的噪声、振动的特性及数值等；废弃物的回收利用、综合利用和处理、处置方案等。

工程分析的主要内容是核算污染物的产生量，常用的方法以下有三种。

（一）物料平衡法

物料平衡法就是以质量守恒定律为基础，从理论上计算污染物的产生量。

$$\sum G_{投入} = \sum G_{产品} + \sum G_{回收} + \sum G_{损失} \tag{7.3}$$

式中　$\sum G_{投入}$——投入系统的物料总量；

　　　$\sum G_{产品}$——系统生产出的所有产品的总量；

　　　$\sum G_{回收}$——系统回收的物料总量；

　　　$\sum G_{损失}$——系统损失的物料总量（污染物产生量）。

采用物料平衡法计算排污量的前提条件，是对原材料的消耗量、生产成分、生产工艺流程及各生产环节物料的转化率全面掌握。

（二）经验系数法

污染物排放因子是污染控制工程中的一个重要研究和统计内容，随着环境统计和污染源排放清单建立的标准化，污染物排放因子越来越全面和准确。

$$G_{排} = G_{投}(或\ G_{产品}) \times E \tag{7.4}$$

式中　$G_{排}$——某种工艺下污染物的排放量；

　　　$G_{投}$——原材料消耗量；

　　　$G_{产品}$——产品总产量；

　　　E——污染物排放因子，消耗单位原材料或生产单位产品某污染物的排放量。

（三）类比法

利用同类工程已有的环评报告书或已建成投产的项目，采用类比分析或实测法，确定污染物排放量。

四、拟建地区环境现状调查

建设项目周围环境现状应当包括建设项目所处地理位置（应附平面图）；地质、地形和土壤情况，河流、湖泊（水库）、海湾的水文情况，气候与气象情况；大气、地面水、地下水和土壤的环境质量状态；矿藏、森林、草原、水产和野生动物、野生植物、农作物等情况；自然保护区、风景游览区、名胜古迹、温泉、疗养区以及重要的政治文化设施情况；社会经济情况，包括现有工矿企业和生活居住区的分布情况，人口密度，农业概况，土地利用情况，交通运输和其他社会经济活动情况；人群健康状况和地方病情况；其他环境污染、环境破坏的现状资料。

五、建设项目的环境影响预测

这部分内容主要是分析和预测建设项目对环境可能造成的影响程度和范围。依照《建设项目环境影响评价技术导则》等文件，关于建设项目的环境影响，应当包括环境影响特征，环境影响范围、程度和性质。如要进行多个厂址的优选时，应综合评价每个厂址的环境影响并进行比较和分析。同时，按照建设项目实施过程的不同阶段，又可以划分为建设阶段的环境影响、生产运行阶段的环境影响和服务期满后的环境影响。生产运行阶段可分为运行初期和运行中后期。所有建设项目均应预测生产运行阶段正常排放和不正常排放两种情况的环境影响；大型建设项目，当其建设阶段的噪声、振动、地面水、大气、土壤等的影响程度较重，且影响时间较长时，应进行建设阶段的影响预测；矿山开发等建设项目应预测服务期满后的环境影响。关于建设项目对环境可能造成影响的分析和预测，则应当包括预测环境影响的时段，预测范围及预测方法，预测结果及其分析和说明。对于预测方法，通常要求选用通用、成熟、简便并能满足准确度要求的方法，其中使用较多的预测方法有：数学模式法、物理模型法、类比调查法和专业判断法。

从科学性、准确性来说，环境影响预测应该在数学模型和物理模型相结合的基础上，定量分析建设项目对环境的影响（至于类比分析法和专业判断法，由于是半定量分析法，目前在环评上较少采用）。但因资金有限，并不是任何项目都能做到这一点。数学模型法因其耗资少、精确度又能满足要求，所以被广泛采用。当然，对于地形复杂、污染物排放量大、评价费用又允许的项目，一般要采用数学模型和物理模型相结合的预测方法。

下面简要介绍如何用数学模型来预测建设项目的环境影响（以大气和水环境为例）。

（一）大气环境影响预测

大气环境影响预测实质是预测建设项目所排放的污染物在评价区的时空分布，这就需要用大气污染物扩散模式，目前这类模式是相当多的，但环境影响评价（简称环评）中主要采用的是高斯模式。最简单的高斯烟流模式已在第四章第三节中描述过，但是在推导该模式时，我们做了六条假设，实际上现实中这六条假设均是不成立的，所以实际应用的空气质量模式，是对高斯模式进行了大幅度修正后的模式。在大气环境影响预测中，根据评价范围不同，一般选取不同的空气质量模式，对于微尺度扩散（距离 < 2 km），可选取前文推导的简单高斯模式，当评价范围小于 20 km 时，可选取《大气环境影响评价导则（HJ 2.2—2018）》中推荐的 AERMOD 模式，当评价范围在 20 ~ 200 km 时，可选取 HJ 2.2—2018 中推荐的 CALPUFF 模式。

（二）水环境影响预测

水环境影响预测的实质也就是预测建设项目所排废水对附近水源的影响。它包括河流水质预测、湖泊水质预测、海洋水质预测等。这里仅介绍河流水质预测。

河流水质预测的关键是建立河流水质数学模型。河流水质数学模型分为一维模型、二维模型和三维模型。其中，一维河流模型是假设污染物在水体中的垂直方向和水平方向完全混合；二维模型是假设污染物在河流中某一个方向完全混合；三维模型则就是接近实际的河流水质模型。

这里以常用的一维河流水质模型为例来说明如何用水质模型预测水环境影响。

对于非守恒物质，即有机物，它们在排入河流后，由于稀释、扩散、沉降和生物化学的作用，有机物的浓度会自然降低，并服从一级衰减规律。最常见的河流有机物模型是 BOD-DO 模型，它是由斯特里特（H.Streeter）和菲尔普斯（E.Phelps）在 1925 年建立的，简称 S-P 模型，即

$$\begin{cases} L = L_0 e^{\beta_1 x} \\ C = C_s - (C_s - C_0)e^{\beta_2 x} + \dfrac{k_1 L_0}{k_1 - k_2}(e^{\beta_1 x} - e^{\beta_2 x}) \end{cases} \tag{7.5}$$

式中　L、C——河流中 BOD 和 DO 的浓度值，mg/L；

　　　L_0、C_0——初始断面（$x = 0$）的 BOD 和 DO 值，mg/L；

　　　C_s——水中饱和溶解氧浓度，mg/L。

$$\begin{cases} \beta_1 = -k_1 / u \\ \beta_2 = -k_2 / u \end{cases} \tag{7.6}$$

当考虑弥散作用时，

$$\beta_1 = \frac{u}{2D}\left(1 - \sqrt{1 + \frac{4D k_1}{u^2}}\right)$$

$$\beta_2 = \frac{u}{2D}\left(1 - \sqrt{1 + \frac{4D k_2}{u^2}}\right)$$

式中　u——河水平均流速，m/s；

　　　D——河水弥散系数，m²/s；

　　　k_1、k_2——有机物耗氧系数和大气复氧系数，d⁻¹。

例 7.3　某河流，河水流量 $Q = 2\,160\,000$ m³/d，流速 $u = 46$ km/d，水温 13.6℃，有机物耗氧系数 $k_1 = 0.94$ d⁻¹，大气复氧系数 $k_2 = 0.17$ d⁻¹，河水弥散系数 $D = 50$ m²/s，在河岸上拟

修建一化工厂，工厂建成投产后日排废水 $10 \times 10^4 \, \mathrm{m}^3$，废水中含 BOD500 mg/L，溶解氧为 0。在排放水口上游河水的 BOD 含量为 0，溶解氧为 8.95 mg/L。在工厂排污口下游 6 km 处有一饮用水取水口，试预测该工厂投产后是否对取水口水质造成严重污染。

解 河流排污口起始断面的 BOD 和 DO 值为：

$$L_0 = \frac{2\,160\,000 \times 0 + 100\,000 \times 500}{2\,160\,000 + 100\,000} = 22.124 \quad (\mathrm{mg/L})$$

$$C_0 = \frac{2\,160\,000 \times 8.95 + 100\,000 \times 0}{2\,160\,000 + 100\,000} = 8.554 \quad (\mathrm{mg/L})$$

弥散系数

$$D = 50 \times 10^{-6} \, (\mathrm{km}^2) \div \frac{1}{3\,600 \times 24} \, (\mathrm{d}) = 4.32 \quad (\mathrm{km}^2/\mathrm{d})$$

$$\beta_1 = \frac{u}{2D}\left(1 - \sqrt{1 + \frac{4Dk_1}{u^2}}\right)$$

$$= \frac{46}{2 \times 4.32}\left(1 - \sqrt{1 + \frac{4 \times 4.32 \times 0.94}{46^2}}\right)$$

$$= -0.020\,4 \quad (\mathrm{km}^{-1})$$

$$\beta_2 = \frac{u}{2D}\left(1 - \sqrt{1 + \frac{4Dk_2}{u^2}}\right)$$

$$= \frac{46}{2 \times 4.32}\left(1 - \sqrt{1 + \frac{4 \times 4.32 \times 0.17}{46^2}}\right)$$

$$= -0.003\,7 \quad (\mathrm{km}^{-1})$$

在下游 6 km 处，有

$$L = L_0 \mathrm{e}^{\beta_1 x} = 22.124 \times \exp(-0.020\,4 \times 6)$$

$$= 19.575 \quad (\mathrm{mg/L})$$

$$C = C_s - (C_s - C_0)\mathrm{e}^{\beta_2 x} + \frac{k_1 L_0}{k_1 - k_2}(\mathrm{e}^{\beta_1 x} - \mathrm{e}^{\beta_2 x})$$

$$= 10.354 - (10.354 - 8.554)\exp(-0.0037 \times 6) +$$

$$\frac{0.94 \times 22.124}{0.94 - 0.17}\left[\exp(-0.020\,4 \times 6) - \exp(-0.003\,7 \times 6)\right]$$

$$= 10.354 - 1.760 - 2.518\,6$$

$$= 6.075\,4 \quad (\mathrm{mg/L})$$

根据地面水水质标准，饮用水源地 BOD $\leqslant$ 3 mg/L，DO $\geqslant$ 6 mg/L，显然该化工厂排放的废水对饮用水水源地已造成严重污染。

目前已有许多环境影响预测模型，评价者在借鉴使用这些模型时，必须根据可供使用的数据资料和评价要求的精度，慎重选用。选定模型后还要根据实测资料对模型进行改进和校正，然后才能作为自己的预测模型。

六、环境保护措施

环境保护措施，是指在对建设项目可能对环境造成影响的分析和预测的基础上，为防治所预测的污染和生态破坏，有针对性地采取各种工程措施、生物措施和管理措施。同建设项目可行性研究和工程设计一样，这些工程、生物和管理措施也需要进行技术可行性和工程经济评估，以确保其技术上的可行性和经济上的合理性，并在此基础上提出各项措施的投资估算。

七、环境影响经济损益分析

环境影响经济损益分析是环境影响评价的一个重要方面，是在对建设项目可能对环境造成影响的分析和预测的基础上，进一步应用费用效益分析（Cost-Benefit Analysis，CBA）这一评价建设项目经济合理性的通行方法，对建设项目的环境影响进行货币价值评估，以利于把建设项目环境影响评价更好地纳入建设项目的可行性研究，使建设项目的环境影响评价和建设项目的财务分析结合起来，从经济、社会、环境综合的角度更全面地把握建设项目的总体费用效益。环境影响损益分析通常包括3个步骤：确定分析范围，识别主要的环境影响；分析和确定重要环境影响的实际效果，包括有利的和不利的影响；通过价值评估方法对上述环境影响的实际效果进行货币价值评估。在前述环境影响评价过程中，前两个步骤已经完成，本项规定实际上是要求进行建设项目环境影响的货币价值评估。

八、对建设项目实施环境监测的建议

对建设项目实施监测应当是有关建设项目环境保护措施的一个重要内容，把有关环境监测的内容单列一项，旨在强调依照有关环境监测的技术规范，建立建设项目的环境监测体系。有关环境监测的建议，主要包括关于环境监测布点的原则建议，关于监测的环境范围的建议，关于环境监测机构设置、人员、仪器方面的建议等。

九、环境影响评价结论

环境影响评价的结论是环境影响报告书的核心内容，也是审批机关审批环境影响报告书的主要依据，通常应当包括以下几个方面：建设项目对环境的预期影响；建设项目的规模、性质、选址是否符合环境保护的要求；建设项目所采取的环境保护措施技术上是否可行，经济上是否合理；是否需要再作进一步的评价等。

十、环境影响报告书的编制

环境影响报告书应全面、概括地反映环境影响评价的全部工作，一般包括下述内容。

（1）总则。

（2）建设项目概况。

（3）工程分析。

（4）建设项目周围的环境状况。

（5）环境影响预测分析。

（6）环境保护措施及技术经济分析论证。

（7）环境经济损益分析。

（8）公众参与。

（9）环境监测制度、环境管理的建议。

（10）结论。

思 考 题

1. 环境质量和环境质量评价的定义是什么？

2. 环境质量评价在环境保护工作中有何重要意义？

3. 某评价区域，经监测 SO_2 的日均浓度为 0.21 mg/m^3，NO_x 日均浓度为 0.09 mg/m^3，PM_{10} 日均浓度为 0.42 mg/m^3，$PM_{2.5}$ 日均浓度为 0.28 mg/m^3，试评价该区域的大气质量状况。

4. 某水域，经监测 BOD 浓度为 6 mg/m^3，COD 浓度为 8 mg/m^3，NH_3-N 浓度为 0.6 mg/m^3，DO 浓度为 2.8 mg/m^3，试评价该水域的水质状况。

5. 某河流，河水流量 $Q = 2\,200\,000$ m^3/d，河流断面平均流速 $u = 50$ km/d，水温 13.6℃，有机物耗氧系数 $k_1 = 0.94$d^{-1}，大气复氧系数 $k_2 = 0.17$d^{-1}，河水弥散系数 $D = 4$ km^2/d。今在岸上拟修建一工厂，工厂建成投产后，废水排放量为 $120\,000$ m^3/d，废水中含 BOD 为 550 mg/L，溶解氧为 0，工厂排放口上游河水 BOD 含量为 1.2 mg/L，溶解氧为 8.95 mg/L，在排放口下游 10 km 处，有一 Ⅰ 类水源保护区，试预测该工厂建成后所排放废水对保护区是否有严重的污染。河水饱和溶解氧 $C_s = 10.354$ mg/L。

附录 生活饮用水卫生标准（GB 5749—2022）

序号	指 标	限 值
	一、微生物指标	
1	总大肠菌群/（MPN/100 mL 或 CFU/100 mL）[a]	不应检出
2	大肠埃希氏菌/（MPN/100 mL 或 CFU/100 mL）[a]	不应检出
3	菌落总数/（MPN/ mL 或 CFU/ mL）[b]	100
	二、毒理指标	
4	砷/（mg/L）	0.01
5	镉/（mg/L）	0.005
6	铬（六价）/（mg/L）	0.05
7	铅/（mg/L）	0.01
8	汞/（mg/L）	0.001
9	氰化物/（mg/L）	0.05
10	氟化物/（mg/L）[b]	1.0
11	硝酸盐（以 N 计）/（mg/L）[b]	10
12	三氯甲烷/（mg/L）[c]	0.06
12	一氯二溴甲烷/（mg/L）[c]	0.1
14	二氯一溴甲烷/（mg/L）[c]	0.06
15	三溴甲烷/（mg/L）[c]	0.1
16	三卤甲烷（三氯甲烷、一氯二溴甲烷、二氯一溴甲烷、三溴甲烷的总和）[c]	该类化合物中各种化合物的实测浓度与其各自限值的比值之和不超过 1
17	二氯乙酸/（mg/L）[c]	0.05
18	三氯乙酸/（mg/L）[c]	0.1
19	溴酸盐/（mg/L）[c]	0.01
20	亚氯酸盐/（mg/L）[c]	0.7
21	氯酸盐/（mg/L）[c]	0.7
	三、感官性状和一般化学指标 [d]	
22	色度（铂钴色度单位）/度	15
23	浑浊度（散射浑浊度单位）/NTU[b]	1
24	臭和味	无异臭、异味
25	肉眼可见物	无
26	pH 值	不小于 6.5 且不大于 8.5
27	铝/（mg/L）	0.2
28	铁/（mg/L）	0.3
29	锰/（mg/L）	0.1
30	铜/（mg/L）	1.0
31	锌/（mg/L）	1.0
32	氯化物/（mg/L）	250
33	硫酸盐/（mg/L）	250
34	溶解性总固体/（mg/ L）	1 000

序号	指 标	限 值
35	总硬度（以 CaCO$_3$ 计）/（mg/L）	450
36	高锰酸盐指数（以 O$_2$ 计）/（mg/L）	3
37	氨（以 N 计）/（mg/L）	0.5
四、放射性指标[e]		
38	总 α 放射性/（Bq/L）	0.5（指导值）
39	总 β 放射性/（Bq/L）	1（指导值）

[a] MPN 表示最可能数；CFU 表示菌落形成单位。当水样检出总大肠菌群时，应进一步检验大肠埃希氏菌；当水样未检出总大肠菌群，不必检验大肠埃希氏菌。

[b] 小型集中式供水和分散式供水因水源与供水技术受限时，菌落总数指标限值按 500 MPN/mL 或 500CFU/mL 执行，氟化物指标限值按 1.2 mg/L 执行，硝酸盐（以 N 计）指标限值按 20 mg/L 执行，浑浊度指标限值按 3NTU 执行。

[c] 水处理工艺流程中预氧化或消毒方式：

——采用液氯、次氯酸钙及氯胺时，应测定三氯甲烷、一氯二溴甲烷、二氯一溴甲烷、三溴甲烷、三卤甲烷、二氯乙酸、三氯乙酸；

——采用次氯酸钠时，应测定三氯甲烷、一氯二溴甲烷、二氯一溴甲烷、三溴甲烷、三卤甲烷、二氯乙酸、三氯乙酸、氯酸盐；

——采用臭氧时，应测定溴酸盐；

——采用二氧化氯时，应测定亚氯酸盐；

——采用二氧化氯与氯混合消毒剂发生器时，应测定亚氯酸盐、氯酸盐、三氯甲烷、一氯二溴甲烷、二氯一溴甲烷、三溴甲烷、三卤甲烷、二氯乙酸、三氯乙酸；

——当原水中含有上述污染物，可能导致出厂和末梢水的超标风险时，无论采用何种预氧化或消毒方式，都应对其进行测定。

[d] 当发生影响水质的突发公共事件时，经风险评估，感官性状和一般化学指标可暂时适当放宽。

[e] 放射性指标超过指导值（总 β 放射性扣除 ^{40}K 后仍然大于 1 Bq/L），应进行核素分析和评价，判定能否饮用。

注：此表所列为"生活饮用水水质常规指标及限值"；该标准中还列有"生活饮用水消毒剂常规指标及要求""生活饮用水水质扩展指标及限值"等表。

参 考 文 献

［ 1 ］　蒋展鹏. 环境工程学[M]. 北京：高等教育出版社，1992.

［ 2 ］　刘培桐. 环境科学基础[M]. 北京：化学工业出版社，1987.

［ 3 ］　何强，等. 环境学导论[M]. 2 版. 北京：清华大学出版社，1994.

［ 4 ］　C M Master. Introduction to Environmental Science And Technology[M]. John Wiley，U.S.A.，1974
　　　　（1982 年中译本）.

［ 5 ］　P A Vsilind，J J Peirce，R F Weiner. Environmental Engineering（Second Edition）[M]. Butterworths，
　　　　Boston，U.S.A.，1988.

［ 6 ］　林肇信. 大气污染控制工程[M]. 北京：高等教育出版社，1991.

［ 7 ］　张希衡. 水污染控制工程[M]. 北京：冶金工业出版社，1993.

［ 8 ］　芊振明，等. 固体废物的处理与处置[M]. 北京：高等教育出版社，1993.

［ 9 ］　余常昭. 环境流体力学导论[M]. 北京：清华大学出版社，1992.

［10］　蒋展鹏，祝万鹏. 环境工程监测[M]. 北京：清华大学出版社，1990.

［11］　秦麟源. 废水生物处理[M]. 上海：同济大学出版社，1989.

［12］　陈静生. 水环境化学[M]. 北京：高等教育出版社，1987.

［13］　王中民. 城市垃圾处理与处置[M]. 北京：中国建筑工业出版社，1991.

［14］　茹至刚. 环境保护与治理[M]. 北京：冶金工业出版社，1988.

［15］　国家环保局科技标准司，等. 城市垃圾处理与处置[M]. 北京：中国环境科学出版社，1992.

［16］　马大猷. 噪声控制新进步[J]. 噪声与振动控制，1994（1）.

［17］　郑启浦. 我国铁路噪声的治理方向[J]. 环境保护，1993（12）.

［18］　张坤民. 中国的核能与环境[J]. 环境保护，1994（2）.

［19］　刘杨等. 美国快速轨道交通噪声与振动综述[J]. 环境工程，1991（1）.

［20］　陈以彬，冯易君. 环境的放射性污染及监测[M]. 成都：四川科技出版社，1987.

［21］　"中国水污染防治技术发展战略高级研讨会"建议书[J]. 世界环境，1992（4）.

［22］　国际环境与发展研究所，世界资源研究所. 世界资源 1988—1989[M]. 北京：北京大学出版社，
　　　　1990.

［23］　范懋功. 日本建筑中水回用新技术[J]. 给水排水，1994（7）.

［24］　曲格平. 中国的城市化与环境保护[J]. 中国环境报，1994（11）.

［25］　黄儒钦，等. 内燃机务段含油污水的处理[J]. 西南交通大学学报，1978（2）.

［26］　黄儒钦，林联泉，等. 稳定塘的有机污染物去除模式[G].//严煦世. 水和废水技术研究. 北京：中
　　　　国建筑工业出版社，1992. 409～418.

［27］　黄儒钦. 水力学教程[M]. 2 版. 成都：西南交通大学出版社，1998.

［28］　郑长聚，等. 环境噪声控制工程[M]. 北京：高等教育出版社，1988.

［29］　P A Vesilind. Environmental Pollution and Control[M]. Ann Arbor Science Publishers，U.S.A.，1982.

［30］　关伯仁. 环境科学基础教程[M]. 北京：中国环境科学出版社，1995.

［31］ 哈尔滨建筑工程学院. 排水工程（下册）[M]. 北京：中国建筑工业出版社，1987.

［32］ 蒋维楣，等. 空气污染气象教程[M]. 北京：气象出版社，1993.

［33］ 马文斗. 空气污染控制工程[M]. 北京：冶金工业出版社，1994.

［34］ 刘天齐，等. 环境保护概论[M]. 北京：高等教育出版社，1982.

［35］ 金岚. 环境生态学[M]. 北京：高等教育出版社，1992.

［36］ 国家环保局，等. 中国城市环境综合整治[M]. 北京：中国环境科学出版社，1992.

［37］ 张秀宝，等. 大气环境污染概论[M]. 北京：中国环境科学出版社，1989.

［38］ 黄儒钦，杨敏. 关于我国水污染控制的构思[J]. 四川环境，1996（1）.

［39］ 顾夏声，等. 水处理工程[M]. 北京：清华大学出版社，1985.

［40］ 钟述孔. 21世纪的挑战与机遇[M]. 北京：世界知识出版社，1992.

［41］ 钱易，唐孝炎. 环境保护与可持续发展[M]. 北京：高等教育出版社，2000.

［42］ 曾珍香，顾培亮. 可持续发展的系统分析与评价[M]. 北京：科学出版社，2000.

［43］ 指标体系课题组. 中国城市环境可持续发展指标体系研究手册[M]. 北京：中国环境科学出版社，1999.

［44］ 吴家正，尤建新. 可持续发展导论[M]. 上海：同济大学出版社，1998.

［45］ 汪大翚，等. 水处理新技术及工程设计[M]. 北京：化学工业出版社，2001.

［46］ 娄金生，等. 水污染治理新工艺与设计[M]. 北京：海洋出版社，1999.

［47］ 戴慎志，等. 城市给水排水工程规划[M]. 合肥：安徽科学技术出版社，1999.

［48］ L Turovskiy. New Techniques for wastewater and Sludge Treatment in Northern Regions[J]. Water/Engineering & Management，May 1998.

［49］ 王秀朵，等. DAT-IAT工艺处理城市污水[J]. 中国给水排水，1999（1）.

［50］ 罗万申. 新型污水处理工艺——MSBR[J]. 中国给水排水，1999（6）.

［51］ 张忠波，等. 新型曝气生物滤池——Biostyr[J]. 给水排水，2000（6）.

［52］ 黄儒钦，杨敏. 活性污泥法的发展及其工程选择[J]. 四川环境，2001（1）.

［53］ 张杰，等. 城市污水深度处理与水资源可持续利用[J]. 中国给水排水，2001（3）.

［54］ 汪大翚，徐新华，赵伟荣. 化工环境工程概论[M]. 3版. 北京：化学工业出版社，2007.

［55］ 国家环境保护局. 企业清洁生产审计手册[M]. 北京：中国环境出版社，1996.

［56］ DH斯彼特尔，AF埃格纽. 世界资源[M]. 北京：北京大学出版社，1990.

［57］ 杨朝霞，纪璎芯. 浅谈我国的污水排放问题[J]. 环保科技，2013（24）.

［58］ 联合国. 巴黎协定[Z]. 2015-12-12.

［59］ 郝鹏鹏. 环境科学基础习题集[M]. 北京：知识产权出版社，2013.

［60］ 马红芳，等. 环境工程概论[M]. 北京：清华大学出版社，2013.

［61］ 朱蓓丽. 环境工程概论[M]. 2版. 北京：科学出版社，2006.